U0253513

全民科普　创新中国

宇航员出舱漫游记

冯化太◎主编

汕头大学出版社

图书在版编目（CIP）数据

宇航员出舱漫游记 / 冯化太主编. -- 汕头 ：汕头
大学出版社，2018.8
　ISBN 978-7-5658-3684-8

　Ⅰ. ①宇… Ⅱ. ①冯… Ⅲ. ①航天员－青少年读物
Ⅳ. ①V527-49

　中国版本图书馆CIP数据核字(2018)第164004号

宇航员出舱漫游记　　YUHANGYUAN CHUCANG MANYOUJI

主　　编：冯化太
责任编辑：汪艳蕾
责任技编：黄东生
封面设计：大华文苑
出版发行：汕头大学出版社
　　　　　广东省汕头市大学路243号汕头大学校园内　邮政编码：515063
电　　话：0754-82904613
印　　刷：北京一鑫印务有限责任公司
开　　本：690mm×960mm　1/16
印　　张：10
字　　数：126千字
版　　次：2018年8月第1版
印　　次：2018年9月第1次印刷
定　　价：35.80元
ISBN 978-7-5658-3684-8

前言
PREFACE

习近平总书记曾指出："科技创新、科学普及是实现创新发展的两翼，要把科学普及放在与科技创新同等重要的位置。没有全民科学素质普遍提高，就难以建立起宏大的高素质创新大军，难以实现科技成果快速转化。"

科学是人类进步的第一推动力，而科学知识的学习则是实现这一推动的必由之路。特别是科学素质决定着人们的思维和行为方式，既是我国实施创新驱动发展战略的重要基础，也是持续提高我国综合国力和实现中华复兴的必要条件。

党的十九大报告指出，我国经济已由高速增长阶段转向高质量发展阶段。在这一大背景下，提升广大人民群众的科学素质、创新本领尤为重要，需要全社会的共同努力。所以，广大人民群众科学素质的提升不仅仅关乎科技创新和经济发展，更是涉及公民精神文化追求的大问题。

科学普及是实现万众创新的基础，基础越宽广越牢固，创新才能具有无限的美好前景。特别是对广大青少年大力加强科学教育，获得科学思想、科学精神、科学态度以及科学方法的熏陶和培养，让他们热爱科学、崇尚科学，自觉投身科学，实现科技创新的接力和传承，是现在科学普及的当务之急。

近年来，虽然我国广大人民群众的科学素质总体水平大有提高，但发展依然不平衡，与世界发达国家相比差距依然较大，这已经成为制约发展的瓶颈之一。为此，我国制定了《全民科学素质行动计划纲要实施方案（2016—2020年）》，要求广大人民群众具备科学素质的比例要超过10%。所以，在提升人民群众科学素质方面，我们还任重道远。

我国已经进入"两个一百年"奋斗目标的历史交汇期，在全面建设社会主义现代化国家的新征程中，需要科学技术来引航。因此，广大人民群众希望拥有更多的科普作品来传播科学知识、传授科学方法和弘扬科学精神，用以营造浓厚的科学文化气氛，让科学普及和科技创新比翼齐飞。

为此，在有关专家和部门指导下，我们特别编辑了这套科普作品。主要针对广大读者的好奇和探索心理，全面介绍了自然世界存在的各种奥秘未解现象和最新探索发现，以及现代最新科技成果、科技发展等内容，具有很强的科学性、前沿性和可读性，能够启迪思考、增加知识和开阔视野，能够激发广大读者关心自然和热爱科学，以及增强探索发现和开拓创新的精神，是全民科普阅读的良师益友。

目录
CONTENTS

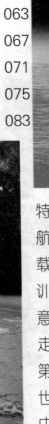

航天飞行对视觉的影响

　　一般来说，太阳直接光照下物体的亮度较高，因为地球大气至少吸收15%的可见光，而水蒸气、烟雾和云能使这种吸收大大提高。这意味着白天宇航员工作的照明水平比在地

面约高1／4。

　　在月球表面上，没有大气，也就没有光的散射，这就导致了在不受太阳光直接光照的区域显得很暗，所以要重新安排正常的视觉关系。

　　美国斯克里普斯海洋学研究所的可见度研究室得到了"双子星座5号"飞船的宇航员在飞行前、飞行时和飞行后的视力测量计划，用飞行中视觉测试器对宇航员进行视觉的测量，这种测试器是一种小的自动的双筒光学装置，含有高低反差直角透射阵。宇航员判断每个直角的方位并在记录卡上打孔说明自己的反应。

"双子星座5号"飞船视力测量计划的第二个部分是在得克萨斯和澳大利亚地面上显示出大的直角图形。宇航员的任务是报道直角的方位。在两次通过之间的时间里以校正方位的方式改变显示，按照预料的倾斜范围、太阳上升程度及宇航员以前通过时的视力进行大小的调整。

"双子星座5号"飞船上测量计划的结果说明，在8天任务期间，宇航员的视力既没有降低，也没有提高。由于气象环境大大妨碍了地面图形的观察，仅有一次飞行测试获得成功。这些结果证实，宇航员的视力是在飞行前视力测量所预测的限度之内。

在阿波罗计划中，人们的研究兴趣转向于视觉器官本

身。一名宇航员飞行后约3个半小时，他的视网膜血管表现出静脉和动脉都明显缩小。另一名宇航员飞行后4小时，他的视网膜血管仅表现出静脉缩小。他们的视网膜血管的收缩程度比呼吸纯氧时的收缩作用要大，并且持续时间更长。

　　在航天飞行任务中，有些宇航员报道飞行时出现眼睛老花和看错地平线的现象，美国航宇局为此研制了一台新的小型视觉功能测试仪，将要在航天飞机上对宇航员进行视觉功能检查。此外，有些宇航员报告在空间能看见地面上的诸如汽车和船等物体，显然这个距离超过了眼睛的分辨力，目前对此尚无令人满意的解释。

前苏联在尤里·加加林进行一圈的轨道飞行后得出的结论是：短期航天飞行对视觉系统的基本功能不会产生明显的影响。此后，前苏联的研究人员在宇航员的视力、反差敏感性、色觉和一般视力方面都进行了系统研究。

研究人员发现，在飞行的第一天，主要的视觉功能降低5%至30%，然后功能逐步恢复，直到达到接近飞行前值为止。反差敏感性变化最明显，进入失重后即刻丧失10%，5天后丧失达40%。虽然存在这些变化，但是结论仍然是，在正常照明条件下航天环境对主要的视觉功能影响不大。

　　除视觉外，人的感觉器官还有听觉、味觉和嗅觉等，航天飞行实践表明，这些感觉器官不受飞行的影响，飞行前后和飞行中几乎无变化。

拓 展 阅 读

　　人在获取信息时，很大程度上需要依赖于视觉。飞行员需要依靠对舱外视景及舱内仪表及显示器等目视巡视和自身感觉等方式获取各类飞行信息，并做出认知决策，然后通过舱内控制器操纵飞机。

航天飞行对睡眠的影响

美国国家航空航天局为了评估人在太空的失重影响，在1962年2月实施"水星"计划时，让载人宇宙飞船"友谊7号"围绕地球转了34小时19分49秒。从这次飞行中，他们得出的结论是：飞行中能够睡眠，主观感觉正常。但是没有获得有关在这种环境下睡眠的性质和长期飞行可能需要采取某种特殊措施的资料。

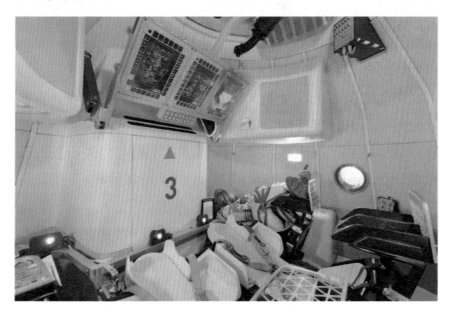

　　1965年3月，美国航空航天局在实施"双子星座"计划时，又让宇航员进入太空完成了4天的飞行任务。这次飞行首次提供了认真评定空间睡眠的机会。在这次飞行中，宇航员在睡眠时遇到了很大的困难。没有一名宇航员能进行长时间的睡眠，他们最长只能持续睡4个小时。指挥员在4天的飞行中，良好的睡眠时间没有超过7.5至8小时。

　　睡眠紊乱的原因包括推进器点火、地面来的通信、飞船的运动、交替的睡眠时间、34小时生物节律的改变以及每名宇航员对飞行任务的责任感等造成的干扰。

　　在8天的"双子星座"任务中曾设法改善睡眠条件，但是由于和飞行计划活动的冲突，睡眠情况仍旧不好。14天的"双子星座"飞行中，曾使飞行计划可以让宇航员在肯尼迪角相应的夜间时间里睡眠。

　　此外，两名宇航员同时睡眠以减少飞船中的噪声。结果，睡眠大大改善：飞行4天的宇航员飞行后明显疲劳；飞行8天的宇航员疲劳减轻；飞行14天的宇航员疲劳最轻。

　　天空实验室实验的结果，证明长期航天飞行不会导致睡眠出现重要的不良变化。只是在84天的飞行期间，一名宇航员睡眠时间受到一些影响。但是这种影响随着飞行时间的延长而逐

渐减轻，偶尔需要用点安眠药。

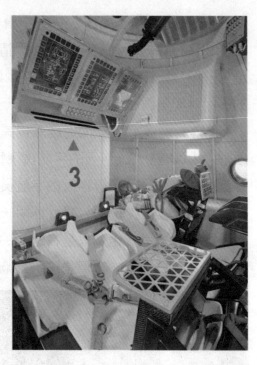

最明显的变化出现在飞行后，此时睡眠性质的改变比睡眠时间的变化更大。看来对1g环境再适应比对0g环境适应出现的睡眠紊乱更大。总之，天空实验室研究者们认为，如果使用各自的睡眠区域把噪声水平减至最低，以及习惯新的睡眠时间，那么在0g环境下可以得到足够的睡眠。

拓 展 阅 读

在太空中睡眠，宇航员一般不需要床。只要在居住舱内找一个角落，不影响别人行动，没有噪音干扰，便可以舒舒服服地睡上一觉。在微重力条件下，航天员睡觉不受姿势的限制，可以躺着睡、坐着睡、站着睡，甚至倒立着睡。

航天飞行时出现的幻觉

在正常的地面工作期间，人在恒定的1g重力的条件下，能完成所有的活动。航天飞行时，人处于微重力环境下，所有动作，无论是睡眠、进食，或者只是简单的来回走动，都必须以不同的方式进行。

　　在首次载人航天飞行以前，人们担心缺乏重力可能会引起运动困难，特别是难于进行那些需要技巧性的和精确活动的动作。早期的一些载人飞行排除了有关宇航员在失重期间进行常规感觉运动活动能力的担心。即使在狭小的水星飞船中运动受到相当大的限制，但是当进行飞船的内部处置时不会遇到困难。

　　随着在"双子星座"和"阿波罗"计划中的作业要求和运动场所的增加，确实证明了人在航天环境下进行工作的能力，在精确性方面没有明显影响。

　　粗重的运动活动，似乎得到无重力的好处，即出力少。一旦习惯了新的环境，在航天座舱中来回运动就变得容易而自

如。因此，缺乏重力对这种运动似乎是有助而不是妨碍。

体位平衡是前庭输入、视觉、运动觉和触觉的函数。这四种感觉通道的工作，代表一个密切相互联系的系统，在这个系统中任何一个通道的异常变化都能引起这个完整系统的明显紊乱。因此，在失重环境下，当耳石刺激消失时，会出现某些定向问题，这是合乎逻辑的。如果这个完整系统的其他成分提供异常输入时，可以预料会出现特别是涉及视觉方面的某种幻觉。

在天空实验室实验中，曾研究了在失重期间视觉幻觉的出现。该实验探讨了在天空实验室飞行期间8名宇航员的眼动幻觉。4名宇航员感受这种幻觉的能力有些减退，4名宇航员没有变化。因此不能作出证明半规管敏感性有任何降低的结论。

同时，在该试验过程中，有几名宇航员报道出现自发性目标振荡运动幻觉。因为当宇航员报道这种幻觉时，他们正处在被限制和思睡状态。因此这种振荡性幻觉可能只是睡眠前反射性眼运动的函数。

在天空实验室计划期间，对宇航员进行了飞行后体位平衡试验以测定其变化程度。例如在"天空实验室3号"降落后第2天试验时，曾发现科学家和驾驶员睁眼出现体位平衡能力降低。但是，有趣的是，发现闭眼时维持垂直体位的能力降低更明显。在不用视觉的情况下，驾驶员难于站立，和飞行前测量

的极好平衡形成明显的对比。

前苏联的航天计划也遇到了体位以及幻觉问题。前苏联研究者们对参加"联盟"号飞船和"联盟礼炮"号轨道复合体飞行的34名宇航员进行了检查。

在飞行任务中，这些宇航员的飞行时间最短为4天，最长为175天。曾发现飞行中出现的幻觉反应往往多于更为熟知的前庭功能紊乱。34名宇航员中21名报道有头朝下的幻觉，偶尔有绕着物体旋转的感觉。这和许多美国宇航员报道的幻觉类型相同，美国在"水星"计划中就有了这种报道。

前苏联报道，虽然有时要在失重，两小时后才出现幻觉，但在大多数情况下，失重后即刻就出现这种反应。有些人的幻觉仅持续几分钟，也有一些人的幻觉持续4小时或更长时间。

在飞行期间这种幻觉偶尔重复出现，最通常的是在运动活

动增加时或在企图进行某些视觉作业时出现。有时，如果宇航员注视某物体，使自己靠在座椅上不动，及采取松弛状态，则可以抑制幻觉的出现。

拓 展 阅 读

　　前庭是人体平衡系统的主要末梢感受器官，长在头颅的颞骨岩部内。人的耳朵分为外耳、中耳和内耳，前庭就在人的内耳中，是内耳器官之一，由三个半规管和球囊、椭圆囊组成。它和耳蜗紧密相连，总称位听器官。前庭器官小且复杂，弯弯曲曲硬管里套着软管，半规管内和球囊、椭圆囊内还充满着叫内淋巴液的液体。前庭器官有特殊的解剖结构和功能特征。

航天飞行对心肺的影响

航天飞行后肺功能试验一般没有出现异常。但是，"天空实验室3号"驾驶员和"天空实验室4号"所有宇航员，在飞行中肺活量降低达10%。"天空实验室4号"三名宇航员肺活量试验的结果，飞行中的宇航员肺活量的降低，可能起因于体液重新分布到胸腔隔膜向头移位或座舱压力降低到海平面1/3的反射等因素。

航天飞行后心肺对运动反应的测量显示运动量减少。例如，对"阿波罗"7到11号飞行前、后的测量证明，飞行后即刻工作负荷、氧耗量、收缩压和舒张压明显降低，此时心率为160次/分。机械效率在飞行后没有表现出显著变化。在三星期之

内，大多数心血管反应恢复到正常。

在航天飞行期间，心肺系统经受实质性的适应性变化。由于心肺系统的许多适应能力，已随着对抗地球引力持续作用的特殊机制而进化，因而失重的影响特别明显。

心肺系统的某些变化，如体液向头部移位是失重的直接结果，其他一些变化似乎是由此而出现的调节，是0g环境的间接影响。该系统的主要变化包括体液移位、心脏动力学和肌电学的改变以及肺功能和运动量的改变。

拓展阅读

"神九"任务增加了航天员的心、肺功能和生化等更多医学指标的在轨监测，还增配了相关药物和医学保障用品，将定期进行舱内卫生学处理，确保对航天员健康状况的及时监测和对空间运动病等的有效预防。

航天飞行对体液的影响

　　人体暴露于航天环境，将会产生范围广泛的体液影响。返回地面后的宇航员的许多变化，也都被认为是直接或间接地伴随着由于失重引起体液向头部转移所造成的影响。但是，这些变化，特别是内分泌的变化可能与航天飞行有关的应激或其他变量因素有关。

最为明显的是血液变化，它包括血浆容量的减少、红细胞净容量的改变、红细胞形态分布的变化、淋巴T细胞数量和功能的改变以及伴随航天而产生的最为显著的体液与电解质变化，包括体液总量的减少和电解质逐渐的进行性丧失等。

血浆容量的减少是失重对人体影响生理改变之一。美、苏的研究结果表明，宇航员个体的血液学反应有相当大的差别。但这些变化确实发生于航天中和航天后。宇航员在航行几天后，体液减少趋于稳定，并且逐渐开始恢复。

"天空实验室"的3批宇航员在航天飞行前、后的测定，表明红细胞净容量的丧失。这些变化从开始起可继续一段时间。"天空实验室2号"宇航员的红细胞净容量在返回地面后并未立即恢复，直到航天飞行后2周才恢复。

心肺系统发生的最重要的变化是体液从下肢向头部移位，这种体液移位可根据某些观察得以证明。"天空实验室"宇航员飞行中所拍摄的照片，表明有眼窝肿胀、面部水肿和眼睑增厚的体征。颈静脉和颞部、头皮和前额的静脉似乎是充盈而扩

张的。

　　虽然飞行中面部组织肿胀的因素部分原因可能是由于无重力所致，但体液移位也可能起到重要作用，特别是由于静脉充血。

　　这些照相是在"天空实验室-3"的任务将要结束时拍摄的，从而说明水肿和静脉充血甚至在空间数月以后也不减退。宇航员的报道为：鼻子不通气，头发胀，面部浮肿，这也支持体液移位的假设。

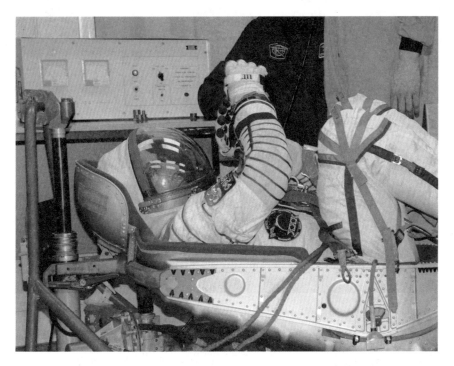

宇航员典型地表现出飞行中腓肠部周径减少达30%。在"天空实验室"和"阿波罗联盟"飞行任务中，在飞行前、飞行中和飞行后对宇航员进行了多次下肢周径测量，以获取容积的估计值并确定体液移位的时间过程。

飞行初期不是上肢而是下肢容积减少，在返回到地面时迅速恢复到飞行前值。据分析，似乎体液的主要移位不是一进入轨道就迅速发生。其移位的速度似乎是按照指数过程进行，在24小时内达最大值，然后在3至5天之内达平稳状态或一种新的稳态。

飞行中，下体负压试验对心血管系统比飞行前同样程度的下身负压试验表现出更强的应激，这种现象显然是由于飞行中

出现体液大量向头部移位变化所造成的。总血容量的减少可能起重要作用，但飞行中体液丧失的时间过程，直到现在还未能清楚地加以阐明。

拓 展 阅 读

人体的感受器感到体液增加，机体通过体液调节系统减少体液，出现体液转移反射性多尿，导致水盐从尿中排出，血容量减少，血红蛋白量也可相应减少；还可出现心律不齐、心肌缺氧以及心肌的退行性变化，并出现相应的心脏功能障碍，返回地面后对重力不适应而易于出现心慌气短以及体位性晕厥等表现。

航天飞行对肌肉的影响

　　航天飞行的失重环境对人体肌肉质量有深刻影响，这显然与肌肉组织萎缩有关。这些影响已由许多方面，包括体重测量、人体测量、生化分析、代谢平衡的研究以及航行后肌肉情况和神经肌肉功能的评定所证实。此外，在较长时间的航

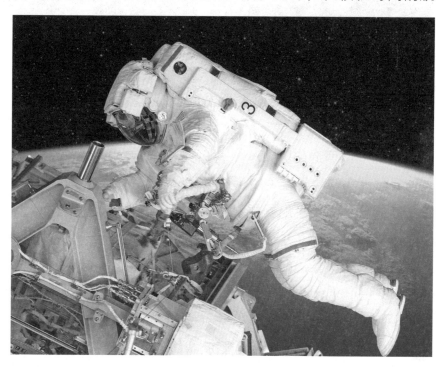

天飞行中，身体成分发生的改变；认为肌肉组织可能随着代谢效率的降低而退化。

现已证实与航天有关的生理变化之一就是体重减轻。完成各次航行任务后，宇航员的体重平均比航天前减少3%至4%。但是体重减轻的幅度并不与航天任务时间长短有密切关系。

前苏联两次长达6个月的航行，4名宇航员中有3人出现体重增加，身体质量也随航行时间增加而有线性增长的趋势，航行140至160天左右体重稳定，比航行前增加2%至5%。但是，这些宇航员体重的增加归因于脂肪组织的增多，增加的脂肪组

织比肌肉组织的减少还多。航行期短于6个月，体重一般减少6至7千克，这是由于体液丧失和负氮平衡的结果。

　　宇航员的体重减轻是伴随着肌肉组织及其功能变化而发生

的，说明了肌肉的退化。这些肌肉变化已由血、尿及粪便样本
的生化分析、自身免疫过程的评定、代谢平衡的研究、肌肉情
况的评定、人体测量以及神经肌肉功能的研究所证明。

拓 展 阅 读

宇航员在长期的航天飞行中加强肌肉锻炼
可以延缓这种肌肉萎缩，回到地面重力环境中
后，进行积极的肌肉锻炼可以逐步使肌肉得到
一定的恢复。

飞行对骨骼的影响

　　航天中所观察到的连续进行性钙的丧失和骨骼变化，是最出人意料的生物医学发现。长期航天对骨骼及矿盐代谢的变化被认为是对人体的最严重的危害。因此，引起人们极大的注意，进行了模拟和实际航行中各种研究，并收集了有关骨骼变化的大量资料。

　　早期研究骨骼矿盐变化是使用X光密度计测定法，证明了

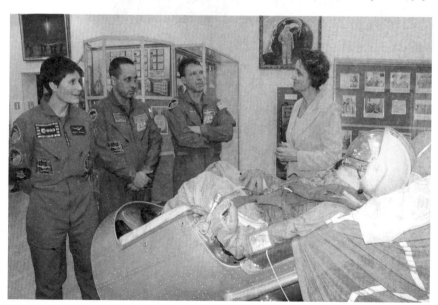

在相对短的航天期间宇航员丧失了大量的矿盐。曾参加"双子星座"4、5号，"阿波罗"7、8号飞行的12名宇航员，飞行后跟骨与飞行前基线比较，矿盐丧失为3.2%。在这些早期的航天后，也观察到尺骨与桡骨均有大量矿盐丧失。

在飞行的开始10天内，从飞行前的钙从平衡逐渐减弱，使整个机体开始出现钙的丧失。开始时丧失率是缓慢的，飞行到84天每天排出量增加到约300毫克，"天空实验4号"3名乘员，钙从体内总储量中丧失，平均达25克，根据飞行第一个30天钙丧失的趋势计算出一年的钙丧失可能达到300克，占体内储量的25%。

　　长期失重会引起人体的骨钙质代谢紊乱。人体失重后，作用于腿骨、脊椎骨等承重骨的压力骤减，同时，肌肉运动减少，对骨骼的刺激也相应减弱，骨骼血液供应相应减少，在这种情况下，成骨细胞功能减弱，而破骨细胞功能增强，使得骨

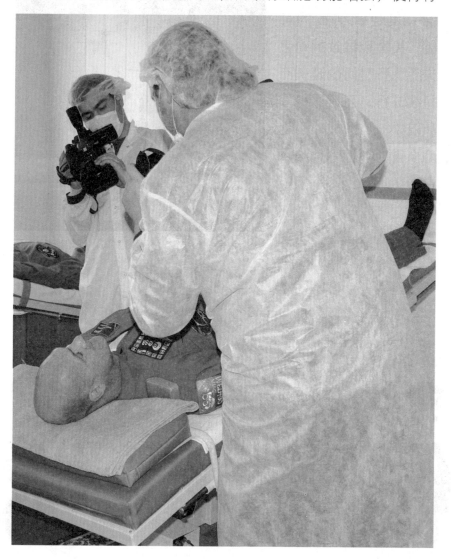

质大量脱钙并经肾脏排出体外。

骨钙的丢失会造成两个后果：骨质疏松和增大发生肾结石的可能。失重所导致的骨丢失随飞行时间的延长而持续进行，而且这种骨质疏松一旦形成，回到地面重力环境下也难以逆转。

拓展阅读

前苏联宇航员在"和平号"空间站上曾试验多种对抗措施，如每天2小时的跑台运动，穿企鹅服给以人工加载及服用特殊药物等，但未能完全解决问题。目前这仍然是航天医学需要解决的难点问题。

一般医学上的检查

　　选拔航天人员的一般身体条件是在医学检查中未发现有疾病，特别是与航天有关的疾病。考查的基本内容包括性别、年龄、身高、体重、生活方式及习惯、职业工作内容及工龄、嗜好和文化程度等。

一、既往史检查。既往史是指过去患过什么病。有些疾病虽然已经好了或不影响正常生活，但对进入太空来说也是有影响的。如，内分泌性脂肪代谢紊乱是长期航天的禁忌症。由于在航天时体液损失的结果，体重过低的人更容易降低工作能力、肾结石、胆囊疾病、甲状腺疾病、胃及十二指肠溃疡、癫痫性中枢神经症、糖尿病等患者都不能选为宇航员，有原因不明性血尿、血磷酸盐过多、草酸尿等症状的人，也不应被录取。

二、内外科检查。除系统地进行全部常规检查外，重点是通过实验检查排除潜在性疾病。在功能负荷试验检查中，重点发现高血压、冠心病患者以及自主性神经不稳定的人，例如将被检者的手放在冰水中作冷加压试验，借以评价其神经功能是否稳定；记录心电、心音、心冲击波和超声心电图等以作分析评定；注意内分泌腺功能检查，其功能过高或过低都属单项不合格。

外科检查重点放在脊柱退行性营养障碍性改变、骨质增生、脊柱形态改变及各种关节运动障碍。直肠检查中，有直肠息肉者不宜参加航天活动。

三、神经科检查。重点是脑电图检查、常规检查与视野测

定、听力测定及温度试验，对检查情况做出综合判断。眼科检查：除常规视力检查外，重点为屈光视野、眼压、眼肌平衡、深部感觉、明暗适应能力检查等等。

四、耳鼻喉科检查。除一般常规检查外，重点为听闻测定、语言辨别、前庭功能、嗅觉功能等检查。

五、化验检查。在检查血、尿、便的基础上，重点是做血容量检查，血钾、血钠、血磷酸盐、儿茶酚胺、糖负荷试验，草酸尿、尿素清除率、精子计数、脂类代谢检查等。

六、X线检查。拍头颅、副鼻窦、全齿、脊柱、胸部、腹部等X线照片，观察其是否正常。

七、其他必要的检查。妇女宇航员的选拔要检查妇科。技术试验性检查项目，包括特殊心电图检查、肺功能检查或用超声波检查等。

拓展阅读

在科学研究与发展领域中，航天医学又属于生命科学的一部分，涉及所有的医学专业，包括基础医学研究和临床各科，无论是治病、防病、保健和康复，还是挖掘人体的潜能都与它有关。

生理及心理上的考查

当人进入太空后，狭小生活空间、高度沉静和孤独以及综合性太空特殊环境因素的刺激，同时要随时准备处理瞬间的意外情况变化等，这些情况给人体生理和心理上造成较大的负荷。

神经类型不稳定、应变能力不强、注意力和洞察力不强、

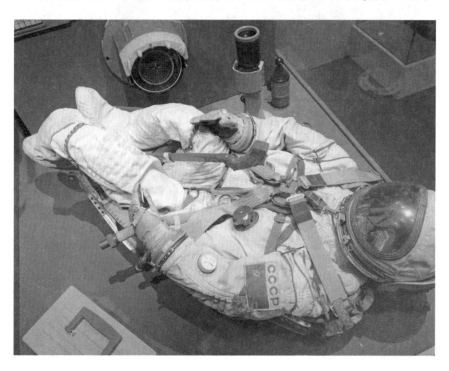

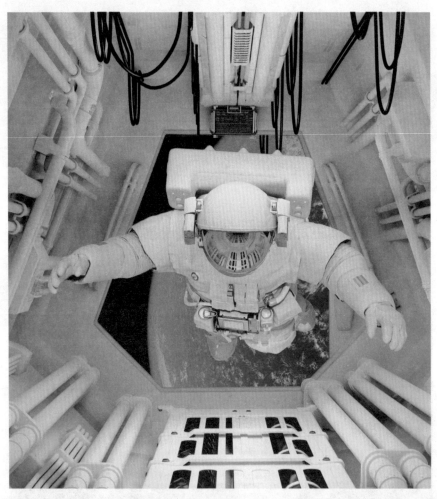

生理耐力不强的人都不能被选入航天人员行列。因此生理与心理考查是宇航员选拔的重要环节。这项考查一直贯穿到宇航员进入太空之前，包括被选上的预备宇航员。在各种环境条件下的训练中，也要继续进行心理与生理的考查。

在太空模拟舱中进行太空生活训练时，重点观察其完成航天任务的行为表现和反应特点，评价他们协同动作、独立完成任务与克服困难的心理与生理表现等等。人体生理与心理考查主要有如下各项：

一、工作能力的检查与评价。这项选拔内容包括逻辑思维能力、心算能力、记忆力、注意力、空间定向能力和心理运动能力的测试与检查等。

二、个性特点的考查。要进行个人情绪稳定性及应激能力的测试，看其在失败情况下的行为和自我控制能力；要进行个

人个性趋向及机动力形成的测试，观察在团体中的行为表现，看其社交、个人热情、性情和思想交换特点、灵活性等。

三、实验心理学考查。它包括视觉运动反应、对运动的客体反应、语言联想、姿势协调等实验检查，并进行墨迹试验和主题理解试验的检查，以评定其心理反应能力。

有针对性地进行精神与神经系统及其既往史的检查及询问。它包括了解被选人是否患过精神病、个性紊乱、飞行恐惧感、健忘的特点及其历史，是否服用过影响精神的药物，并对应选者进行有关妨碍飞行安全或完成飞行任务的其他精神上不利因素的检查与询问，此外，还可了解被选人献身于航天事业的信念等。

拓展阅读

在长期航天飞行中，恶劣的太空环境对宇航员的生理干扰、紧张的工作、严重的心理压力以及其他的多种应激因素的作用，都很可能使宇航员受到持续的不良影响，从而使宇航员的体质变差，抗病能力减弱，对恶劣太空环境的适应能力下降，工作能力下降，最终可能危及到宇航员的生命安全。

特殊因素耐力的考查

针对载人航天过程中所遇到的火箭加速度、失重、低气压、振动、活动空间窄小和生活节律变化等特殊因素，进行试验性耐力检查，是选拔适合于航天的人员最必要的手段之一。

考查的目的有两个：一是把对特殊因素敏感和耐力差的人

淘汰掉，从中查明人体潜在性疾病的存在；二是判断人体的功能储备能力，选拔有特殊耐力的人。这项选拔工作，需要模拟航天特殊环境，所以要有各种类型的特殊仪器和设备，如太空舱、人用离心机、震动台、旋转台、环境模拟舱和特殊功能检测仪器等。

苏美两国由于开展载人航天事业较早，这方面的仪器设备较齐全、而且数量也大。我国在这方面也有相对齐全的设备仪器。航天特殊耐力选拔项目大致有如下各项：

一、特殊心电图检查。这里所说的特殊是指人在航天时可能遇到的特殊环境引起的心电变化。在加大人体负荷情况下检查心电图变化，来综合分析人的健康与耐力。因为在航天中主要靠心电图波来进行飞行医务监督，因此在各种选拔中，心电图变化是一个很重要的指标。

二、肺功能检查。人在航天中处于人工大气环境，即载人航天器内人造的微小气候环境中，这就要求宇航员有比一般人员强的肺功能。所以在选拔时，除作常规检查外，还要用闭合气量法和最大呼吸气流透气的方法，对肺功能进行评定。

三、立位耐力检查。由于失重环境的影响，人体血液再分布，返回地面时又因重力恢复头部血液相对减少，对于立位耐力差的人会产生晕厥现象。在选拔中，将被检查者的体位倒立或倾斜，再复位，用仪器、直观方法、心电图波方法综合评定其立位耐力和心血管调节功能。有暂时晕厥或意识丧失的人不能选为宇航员。

四、最大体力负荷检查。一般用跑台和自行车功量计方法，使被检查者达到疲劳程度，观察心率、心电图和血压等心血管系统的变化和最大耗氧量。这种检查项目除能测定体力强弱外，还可查出人体某些潜在性疾病。

五、前庭功能检查。日常所见到的晕船和晕车的人，是人体前庭功能不好的人。人体的前庭器官位于内耳。可利用特制的设备造成线性加速度或角速度、角加速度，对内耳前庭器官进行刺激，或用冷水或热水刺激外耳道，使人体发生一定症状，如头晕、恶心、呕吐或眼球震颤等，来综合评定前庭功能情况，有时心电图波也会发生变化。

人体前庭功能可以通过训练及锻炼来提高，所以这项选拔也一直延续到上天之前。通过锻炼使前庭功能稳定的人，也可以进入太空。

六、低气压与缺氧耐力检查。这项检查是在低气压舱内进行的。所谓低压舱，就是在地面按太空环境条件所建立的、模拟低气压到类真空环境的设备，它由舱体本身和抽气系统、监控系统、供氧系统和有关测试仪器设备所组成。

　　检查时把被试者放在被抽成低压环境的舱体中，进行抗缺氧与抗低压耐力实验，并通过各种测试仪器进行检查和对被试者的行为进行观察。例如在地球海平面，气压为1个大气压，其中空气中的氧气占五分之一稍多点，如果把低压舱抽成半个大气压时，相当于5000米高空，其中氧气也相对减少，人体就出现缺氧症状，长时间不供氧气就会晕厥。

　　耐力强的人则坚持时间长，这就是抗缺氧耐力强。航天人员的条件必须是抗低压和抗缺氧耐力强的人，有潜在性晕厥和有晕厥素质的人，都通不过这项实验检查。

　　七、超重耐力检查。人体乘坐的载人航天器要用火箭发射，火箭推进带来的加速度对人体有一定影响，个体之间对这项环境因素的耐力也有差别。这项选拔在进入太空之前要不断进行，因为超重耐力可以通过训练得到提高。

检查和训练在离心机上进行，离心机可以按需要造成类似火箭的加速度。离心机利用实验座舱围绕轴心旋转时产生的离心力来提供重力变化，以模拟火箭飞行时所产生的加速度。

人体对这项环境因素的耐力与方向有关，从头部到足部称为纵向加速度力。人体的耐力较小；从胸到背部叫横向加速度

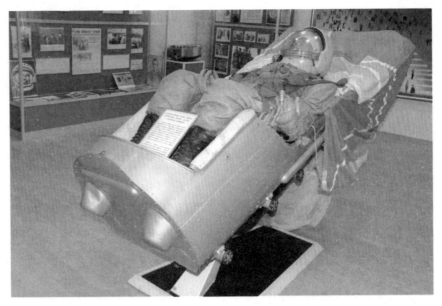

力，人体能较大地承受。一般航天器的座椅姿势均采用承受横向加速度力的方向，选拔性检查也采用这种姿势。

八、失重耐力检查。真正的失重状态进入太空才能体验到，在地面模拟的失重状态只是暂时的低重力现象。这项检查一般在预备宇航员中进行。

一般的方法是利用飞机作抛物线飞行，造成20至30秒钟的失重状态，检查人的定向能力、精细动作能力、心率和血液循环情况以及进食方式等。特别是第1次进入太空的人，必须作这项检查和考验，实际上这也是一项宇航员的训练项目。但飞机抛物线飞行所造成的失重状态的前后都伴随着"超重"现象。因此这项检查也称为"超重、失重交替耐力检查"，其检查结果要综合评定。

九、振动耐力检查。火箭起飞和载人航天器返回时都会遇到机械振动环境，因为振动可能诱发心血管系统功能紊乱以及其他生理不良反应，个体之间对振动的耐力也有差别。

振动耐力检查要在特制的振动台上进行。振动台是专门模拟各种振动的设备，除检查人体的振动耐力外，主要用于研究人体生理功能及对工作效率的影响，研究减振措施和个人防护装备。在选拔振动耐力时记录相应指标，对振动刺激敏感性过强的人不适合做宇航员。

十、沉静耐力检查。也称为"隔绝实验"检查，是针对太空环境的沉静和航天人员的孤独感而设计的项目，检查是在地面太空环境模拟舱中进行的。把被检人送入与外部隔绝的模拟生活舱里，让他过着类似进入太空时的生活，用这种方法测定候选人适应异常环境的能力。这项试验，对初进太空的人一定要进行，这也是一项宇航员的训练项目。

拓展阅读

苏美两国在未进入太空之前，对沉静耐力检查非常重视，把它列为重要的指标之一。随着载人航天的实现，天上地下通讯联络系统增强和宇航员生活不断多样化，这项指标的意义也随之下降。

前苏联宇航员的选拔

前苏联第一批宇航员的选拔是在1957年进行的，当时的选拔原则及要求有以下4条：

一、优秀的歼击机驾驶员，熟悉飞行技术和理论，对于进

一步学习复杂的飞行技术具有良好的基础。

二、身体健康、能适应航天条件，以及在各种意想不到的应急情况下，能表现出情绪稳定和有机智处理问题的能力。

三、具有高度的学习能力，能迅速掌握飞行技术和更深奥的飞行理论和航天有关知识。

四、年龄要轻。

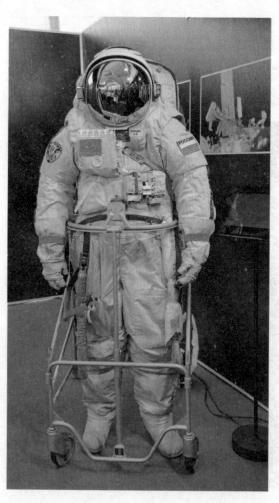

前苏联第一批宇航员的选拔方法和程序是：首先在前苏联空军中确定3000名飞行员为候选对象，分3个方面进行选拔，即技术和个人特性选拔、健康状况选拔和对航天特殊环境因素应急耐力选拔。前两由医学专家和心理学家作一般医学及心理素质检查，要连续几天住院进行。

航天耐力在特殊设备上实验检查。进行如下项目的试验：

一、为了模拟上

升到5000米高空的情况，把低压舱用抽气泵抽成405毫米汞柱的气压，观察与测试被选对象的缺氧耐力。

二、在低压舱内模拟上升到12000米高空，即相当于150毫米汞柱的气压情况下，检查被选人有否发生减压症，即试验人体减压耐力情况。

三、用突然压力变化法，试验被选者耳咽管压力平衡功能。

四、对在水平台上站立很久的候选者测验其定向能力和血管紧张度。

五、让被检者在短时间内从噪音中选出有用的信号和在高速运动中完成给定的一连串任务，以测试其记忆能力和完成任

务的能力。

六、用转椅和离心机试验被选者的平衡、幻觉、定向性和情绪稳定能力，以及抗线性加速度和角加速度的能力。

七、把个人或集体放在密闭舱中进行与世隔绝试验，观察各组成员之间的行为及抗沉静、孤独的耐力等等。

上述一系列检查和试验性选拔的淘汰率很高，约有50%的人没能通过前2项，通过航天耐力者更少。最后在3000名候选人中只选出20名作为宇航员培训对象。其中只有6人成为前苏联第1批宇航员的预备队员，其选拔合格率只有千分之二。

从1959年开始，前苏联进行第二批航天人员的选拔活动，并在1960年和1963年定选。这次选拔条件有所放宽，首先是选拔对象不单是空军飞行员，而扩大到航空俱乐部的成员、试飞员、学员和专业大专院校的毕业生以及妇女界。年龄也不只限制在30岁以下，已放宽到40岁或40岁以上。

选拔标准除在身体素质上仍然要求严格外，在飞行技术上也有些放宽，但在专业技术上要求较高，特别是随船工程师和科学家宇航员的选拔，对业务技术标准要求更高，这批宇航员

的选拔时间和定选日期拉得较长，报名应选拔者也较多，据不完全统计超过3000人。最后定选为21名，其中有3名妇女。

拓 展 阅 读

　　世界上第一位女宇航员瓦莲金娜·捷列什科娃就是这批定选的女宇航员之一。这21名定选的宇航员中有6名为科学家或工程师，占定选人数的35%之多。而这个比例在以后的选拔和定选中仍在增大。

美国宇航员的选拔

　　美国宇航员的选拔工作，主要特点是根据载人航天器的型号进行的，美国国家航空航天局成立不久，在1958年11月就正式定下要发射载人卫星水星号飞船，这个计划的执行，重要环节是要选拔适合的宇航员。

　　选拔工作从1959年1月开始，4月结束，前后只用了3个月时间。首先由选拔委员会的成员审查所有美国现役试飞员和飞行员的档案，在有关军事当局的协作下，用数星期的时间选出

来508人作为进一步考查的对象。

后来，又经美国国家航空航天局按条件筛选出110人作为正式选拔检查对象。这一阶段实质是政治性和一般社会因素等的选拔。然后把这些人分成两组，分别去华盛顿听取有关"水星"型号飞船发展与发射计划报告会，并征求这些人是否愿意参加水星计划，结果有53人表示愿意加入"水星"计划。对这53名志愿者进一步进行心理学及神经科的一般检查及询问。

先是口试，把进行中的"水星"计划较详细情况向被试者介绍，并鼓励被试者对他所关心的问题提出见解，从中看这些人的心理动机和技术知识情况。然后再由神经病学专家主持神经与精神病学鉴定，由双人分别记录，进行比较和评定，向选拔委员会报告。

还要进行一组笔试，其中包括类推测验和数学推理测验。通过这些项目的检查和筛选，最后选出32名飞行员再做进一步的各项选拔及试验检查。下一阶段选拔工作是把这32名定选对象送进医院，集中起来进行医学及特殊因素耐力试验检查，这

32人分成6人一组，剩下两人另成一组，分别进行。

通过上述一系列检查后，对每一个候选者的身体、精神和社会情况作出最后鉴定。然后做以航天特殊环境因素的耐力为主的最后选拔。这项检查是在美国莱特空军基地航空航天医学研究所进行的，名称为"应激试验"检查。项目包括如下三方面内容：一是精神病鉴定、心理测验、人体测量；二是测定对于热流、加速度、低气压、加压服、隔绝和幽禁等的应激耐力；三是最后作能否当选预备性宇航员的评定。

美国首批宇航员选拔的最后项目，即应激耐力试验，有下列各项：

一、阶梯试验。要求被检者每两秒钟踏上和跳下50.8厘米高台阶1次，连续进行5分钟，以测定其健康状况。

二、最大工作负荷的跑台试验。让候选者在一个恒定速度的运动台上跑步，这个台子每隔1分钟升高1度。试验一直进行到心跳每分钟达180次时为止，以测定其健康状态。

三、寒冷试验检查。把候选者的脚浸泡在一盆冰水之中，在试验前和试验中测定脉率情况和血压，以评定其血管系统变化情况。

四、应激能力及情绪稳定性试验检查。在设计特定的"复杂行为模拟器"上进行。这种模拟器有一个12种信息信号的仪表板，在试验中仪表板的信息出现时，要被选者对每一种信号都作出不同的反应，这样测定其在紊乱的情况下能否作出正确反应和处理的应激能力。

五、倾斜台试验。使候选者躺在一个倾斜度极陡的台子上

25分钟，测定其长时间取不正常体位时心脏的代偿能力。

六、代偿服试验。在低压舱内进行，把舱抽成相当于20000米高空的气压，被试者穿上代偿服在舱内待1小时，测定低压下心脏和呼吸系统功能，也叫低压耐力试验。

　　七、火箭加速度耐力试验检查。把候选者放在人用离心机内，其中座椅倾斜成各种不同的角度，以测定超重耐力。

　　八、高温试验检查。被检查者在温度55℃的高温舱内停留两个小时，以测定其心脏和身体对高温环境的应激耐力水平。

　　九、平衡和震动试验检查。这是在转动的椅子上加震动的实验装置进行的检查。被检者坐在同时沿着两个轴旋转的座椅上，用蒙上眼睛和不蒙眼两种方式进行试验，转动时伴有震动或没有震动。要求被检者推动操纵杆以维持座椅平衡，以测定其抗角加速度及震动的耐力及平衡能力。

　　十、噪音试验。这项检查是在噪声室内进行的，把候选者送人模拟各种不同频率的噪声室中，测定其对噪声的敏感性及抗噪音耐力。

十一、隔绝试验。把被检者送入一个特制的黑暗隔音室里，停留3小时，测定对异常环境和沉静环境的适应能力及抗孤独耐力。

十二、再次进行心理方面测试与检查。测试目的有二：一是测定个性和动机倾向；二是测试智力与特殊能力倾向。方法是由测试者设计不同的图表和问题，任被选者解答和评论，看其个人爱好及动机情况。

例如看图作业，或让被检者根据已做好的566个倾向性问题，做自我记录；根据已做好的225对自我叙述的话题，做出个人爱好预测，等等，以测定其个人个性及动机倾向。又例如利用类比方法测试其个人智力能力，等等。

通过上述各项特殊检查和医学检查，最后从这32名候选者

当中定出7名合格者。1959年4月2日由美国国家航空航天局宣布7名合格者为美国"水星号"飞船正式宇航员,当选者中有海军3名、空军3名、海军陆战队1名。这7名当选者有美国第一个乘水星飞船的飞行者谢泼德和美国第一个进入太空者格伦。

拓 展 阅 读

　　宇航员们还要经过几年的培训,包括在水星飞船系统中的训练以及飞行训练、连续的医疗评估和各种环境下的生存训练。他们刻苦地练习并忍受了和家人长时间分离的痛苦,每个人都想在竞争中努力成为第一个进入太空的美国人。

法国宇航员的选拔

法国选拔宇航员是在1980年进行的，这是执行法苏空间合作计划的一个部分。选拔标准要求很高，与美苏首批宇航员选拔条件相似。选拔对象基本上是以法国空军飞行员为主，也扩大到由民间团体报名申请，程序也是先从申请者的个人档案中

选拔。由413名申请者筛选出193名为选拔对象。

　　选拔分3个阶段进行，首先是身体及医学检查性选拔，检查项目及方式基本与美苏两国相似。然后是心理学选拔，在这方面法国提出较高的要求：不仅能完成驾驶飞船的任务，而且还能进行高水平的科学实验；能在封闭、严酷和隔绝的环境中生活，坚持和忍受在新环境下长期艰苦训练；能在远离祖国、受不同文化、语言影响的情况下不出现异常行为等等。

　　经过心理学方面测试与谈话把应选者从100多名减少到32名，其中有8名妇女。最后进行特殊因素耐力及医学试验选拔。最后只有5名通过测试，成为法国首批宇航员在国内接受航天训练。

　　在飞行前18个月，将其中两名宇航员送往前苏联接受训练。这两名是法国空军少校驾驶员博德里和空军中校克雷蒂安。后者经前苏联训练，成为1982年6月发射的"联盟T-6号"飞船的乘员，在太空生活7天并与载人轨道站礼炮7号对接后做科学实验。

　　法国从1985年开始，又进行一次新的航天人员选拔活动。这次的标准与上次不同，主要以载荷专家的要求和条件为主，

对象除训练有素的飞机驾驶员外，还重点在科学家中选拔。

原打算选10名预备宇航员，其中5名科学实验专家和5名工程师。经过严格的程序，只选出7名合格者，都是男性，女性在这次申请中占总人数的10%，都未选中。

这批预备宇航员和首批选中的宇航员一起将参加如下载人航天活动：长期飞行是与前苏联合作，乘坐前苏联载人航天器进入太空；短期飞行将乘美国航天飞机进入太空。第一批选中后到前苏联受训的博德里已在1985年6月乘美国发现者号航天飞机进入太空。

在欧洲航天局研制的"空间实验室"也将有法国宇航员计划参加科学实验活动，除此法国宇航员还要在自己研制的小型航天飞机"海尔海斯"上承担驾驶和科学实验任务。看来法国选出的航天人员将会在不同型号的载人航天器中大显身手。

拓展阅读

据法新社17日报道，36岁的诺曼·托马斯·佩斯凯将在2016年成为第十位进入太空的法国宇航员，他将在国际空间站完成一项为期6个月的任务。他的归期预计在2017年5月。

日本宇航员的选拔

日本自1978年以来一直在酝酿选拔航天人员，1983年度正式开始征集人选。首次选拔的目的是乘美国航天飞机进入太空做科学实验及观测活动，因此它是选拔载荷专家。最终要选出

3至4人去美国受训。

初选报名者达530多人，女性约占9%，对象是有2年以上的研究和开展业务经验的专业人员，或有5年以上的业务经验的专家，要求至少要有大学研究院博士的学历和职历。

选拔分三个步骤进行：

第一步：对报名者进行个人档案文件审查，如科技能力、生活环境和一般身体生理特征的审查。再就是英语会话能力的测试。

第二步：即医学及生理心理学试验检查阶段。医学生理及个性检查在住院条件下进行，全体被检人员在相同条件下接受医学各科的详细检查，方式与其他国家相同。

　　详细检查及询问个人既往疾病史、家族史和生活史，通过面试及笔试测检心理及个性条件和精神疾病，整个医学标准是按美国国家航空航天局Ⅲ级稍高一点进行。因为去美国作最后选拔时是按医学Ⅲ级标准，稍高一点可减少淘汰。这一步骤共通过了15名候选者。

第三步：进行特殊因素耐力和进一步心理学筛选。日本的特殊环境因素耐力，也称"特殊医学检查"是在本国空间开发事业团所属的筑波航天中心进行的。这些检查项目包括运动负荷装置、自行车功率计和跑台的测试检查，下身负压装置的测试检查，测试直线加速度负荷的转椅检查。

在这些特殊装置检查时都配有心电图、呼吸功能、体温变化、血压变化、眼振、皮肤电反射等数据测量。

这一步骤的心理学筛选比前阶段更细致和全面，包括面试、口试及笔试方式，以测定个人的心理特性。经过这一阶段通过8名候选者，送往美国定选。

定选检查除严格按美国Ⅲ级医学标准筛选外，还进行重力加速度和其他项特殊检查，最后选定3名为日本第一批乘美国航天飞机进入太空的载荷专家候选人，其中有1名妇女。这3人从1985年下半年开始在美国休斯顿约翰逊航天中心受训。

拓展阅读

2015年7月23日，据日本媒体报道，当地时间23日凌晨3时左右，载有俄美日三国3名宇航员的俄罗斯联盟号宇宙飞船从位于哈萨克斯坦的拜科努尔航天发射场成功发射升空，其后与国际空间站成功对接。

宇航员的训练目的

身体素质作为一个人生存的基本条件，在航天员的训练过程中是必不可少的。如果已选出了适合于航天的人员，尽管他的身体素质是超人的，文化与技术水平也是上等的，但还是不能马上进入太空，必须进一步通过训练，并在训练中再次选

拔，最后才能实现进入太空的理想。

宇航员的训练目的有三个：一时通过训练提高被选人人员的体力、智力、生理功能和工程技术、科学知识水平；二是使进入太空的人适应与耐受航天中遇到的特殊应激环境；三是使航天人员在航天特殊环境中能圆满完成特定的飞行任务。

宇航员训练的性质一般分成两类，即一般训练和特殊训练。一般训练包括：体格的提高性训练，飞行技术训练，科学知识特别是航天医学生理学知识的提高性学习与训练，救生方法及基本知识学习的训练，熟悉与操纵载人航天器的训练和熟悉航天应激环境的训练等。

特殊训练是指按每次载人飞行的计划与目的任务所规定的

项目进行的训练。宇航员的训练项目、内容及特点由下列三个因素来决定：一是当次的载人飞行的计划和工作要求；二是被选人的预备宇航员个人的特点及个性；三是训练设备的利用和现存的情况，即可以利用的训练设备种类、性质及研制的水平等。

从人类进入太空的发展上看，当前世界上能全面训练航天人员的国家只有美国和俄罗斯。虽然其他国家如法国、德国、日本等国也在训练航天人员，但只是些基础训练，最后还要到

美国和俄罗斯训练，才能乘载人航天器进入太空。只有本国研制出载人航天器时，才会直接训练宇航员，当然这也涉及到地面设备和训练器的研制水平。

拓展阅读

宇航员的训练始于20世纪60年代初期。早期宇航员的训练重点在增强宇航员对航天环境因素的机体耐力和适应性，提高操纵载人飞船的能力。

宇航员的基础训练

前苏联的基础性训练目的有三个：一是增强宇航员对航天因素的机体耐力；二是使宇航员对载人飞行器座舱环境产生适应性；三是提高宇航员的航天知识和工作能力。

一、身体素质锻炼及训练。因为被选上的宇航员都有第一流的身体素质，在训练期间主要是要保持其基础条件，加强日

常的锻炼和日程安排，所以在宇航员的训练期间，其日常时间安排既要科学又要紧凑。

前苏联所制定的基础训练日常安排：每天早晨体操20至40分钟；每天体质锻炼时间不低于3至4小时，包括集体运动或竞赛等；每周有3至5次基础知识和航天知识课程，每次两小时。

此外在某个宇航员值勤或正常休假时也有一定的体质锻炼的安排，以保持体力。在训练方法上分别不同情况有集体活动和个人单个训练两种，个人训练主要是针对某个具体被训对象的特点、水平和差异情况进行的训练项目，使其具备全面合格的身体素质，共同完成训练计划。

二、基础理论及有关航天知识的学习和训练。前苏联宇航员在训练期间，要按计划进行航天技术及其他有关理论学习，这些课程包括航天所需要的有关宇宙、大气、天文、天象、气象、地球物理、空气动力学、飞行动力学、火箭及载人航天器设计原理、载人航天器系统和部件结构、导航及控制、通讯、遥测、遥控、数学及计算机等方面的理论知识。

在学习方式上，除讲课外还进行参观和实习活动。航天驾驶员、飞行专家要参观或参加所要进行飞行的载人航天器型号的设计及各系统、部件的研制过程，科学家宇航员要参加有关专业的实验设计及地面实验过程。其他基础理论知识，主要是医学、生理学、心理学、生物学和医务监护知识以及必要的医护操作技术知识。

三、飞行技术训练。虽然前苏联前几批宇航员都是从飞行

员中选出的，但仍然要有飞行技术的基础训练项目。训练是在高性能喷气式飞机上进行的，目的是使受训者进一步熟悉飞行技术，适应空中环境，提高对加速度、失重、噪音、振动、角速度或角加速度、狭小飞行环境和密闭性供氧人工大气环境等方面的耐力。同时也培养和训练驾驶员根据外方位物、仪表进行空中定位、动态操纵和控制飞行体的能力。

四、航天环境技巧动作训练。由于太空的失重环境，人的动作及起居住行都与地球上不同，而为适应这种环境就必须在地面上进行某些动作的训练。这种训练是在模拟失重条件下进行的，如饮水、进食方式，穿戴航天服装、头盔面罩的动作，书写、阅读、通讯及定向动作等。这是每个受训者的基础训练项目。

凡参加阿波罗计划受训的宇航员，都要安排6个月的科学技术知识学习与训练，其学习课程比"双子星座"飞船宇航员学习的课程要少些，因为在选拔时就已注意到宇航员本身的知识水平。

阿波罗计划飞行的宇航员所要熟悉与掌握的科学知识主要有地质学、天文学、数学计算机、航天医学、高空大气和宇宙生理学、飞行动力学、气象学、制导与导航、火箭发动机和通讯技术等。学习这些基础课程主要是保证宇航员能完成阿波罗飞船的特殊航天任务，大多数课题是直接结合讨论飞船各个系统的基本特征进行的，如阿波罗飞船的制导与导航等等。

学习与训练计划安排每周平均有3个半天的时间，在这项

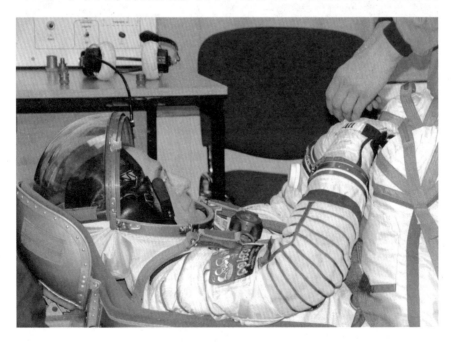

基础训练的同时，也要进行航天特殊环境因素耐力训练和救生训练。为了使宇航员熟悉超重、失重、噪音、振动、高低温、加压服和座舱压力变化等情况，并对这些特殊环境因素有适应性和忍耐力，要进行一定时间的模拟环境的试验性训练，以增强其适应性与耐力。

阿波罗宇航员的救生训练要比"水星"及"双子"星座飞船宇航员训练严一些。计划规定要他们在热带地区、沙漠环境和水上各进行5天的特殊生存与救生训练项目，训练的目的是要使宇航员确信他们即使发生意外着陆，也会有能力生存到救援者到来之前，即生存到被营救时刻。

　　每种训练分三个部分：一是生存概念课题，使宇航员相信无论到什么地方或怎样的恶劣环境都有生存的可能；二是如何生存，即生存方式，例如训练设计者要求被训练的人员在沙漠、稠密的森林、海洋上进行生存训练，自己制造蒸馏水，学习追捕和宰杀野生动物，并对其进行烹调，使它成为食物；三是进行特殊环境生活的实际亲身体验。在水上训练救生时一般和出舱训练合并进行，但训练时间要相对延长。

　　为了熟知阿波罗飞船的各个系统工程结构及原理，要求宇

航员与工程设计人员及生产企业有关人员进行接触，并在实际飞船上进行实验工作，然后要求每个受训宇航员作出飞船各个系统的报告，以考核其熟知程度。

拓 展 阅 读

从20世纪70年代末开始，宇航员的训练重点是保证航天员在轨道上长期停留、执行各种复杂的科学实验计划和熟悉新技术和新操作方法。

特殊环境因素的训练

这项训练也可称之为生物医学训练，其目的是要提高人体对航天过程中特殊环境因素的适应能力。这些因素可分为三类：一类是太空物理环境，如真空、失重和辐射、温度交变等；第二类是与载人航天器飞行动力有关的因素，如噪音、加速度、角加速度和角速度因素；第三类是载人航天器的狭小环境带来的特殊因素，如孤独和窄小的生活范围、人工气体、特殊食品和进食方式、生活时间节律的改变等。

在载人航天中这三类都会遇到，但是

有的因素可用工程技术手段加以解决，对人体来说就不成为问题了，如真空、高低温度、辐射因素等。有些可部分解决，如超重、噪音、振动和刺激前庭器官的角速度及角加速度因素等。有些只能靠适应和锻炼来提高耐力，如失重、部分超重和前庭刺激因素、人工大气、狭小环境和生活节律改变等。真正的训练适应耐力就是指后一类和第二类的一部分。

一、失重适应训练。失重或者说低重力是航天环境中主要特殊因素之一，人体进入太空后受失重环境影响较大，虽然可飞来飞去身轻如燕，但总感觉头昏脑涨，如不在地面加强训练和锻炼，很难在太空生活和执行航天任务。

这项训练的目的就是使宇航员在航天前就体验失重环境，借以提高对失重情况下的稳定性，锻炼失重环境下生活和工作的适应性。

在这项训练中，基本是采用两种办法：一是在"失重飞机"中训练；二是在失重水池中训练。所谓"失重飞机"就是使飞机进行抛物线式飞行，它可造成20至30秒钟的失重环境。

为使宇航员适应与体验失重环境，还要求在短期失重中做一些航天时要求的动作，如进食、取物，和其他宇航员一起做共同性动作。一般这个训练项目反复进行30次左右后，被训者初试时的紊乱感觉就可消失，就可相对自如地做要求动作。

另一种训练方法是在一个大水池中进行。所谓"失重水池"也大小不等。小型水池只能使宇航员体验一下飘浮感觉，这并不是真正的失重，只是一种类似失重的浮力感觉，这种训练方法主要是要求宇航员在飘浮状态下完成航天时所需要做的

各种动作。

二、超重耐力训练。超重环境是由火箭起飞或载人航天器返回时的加速度引起的。这种环境因素对人体有较大的影响，不过火箭技术的发展，已使超重因素相对减少，但仍需对人体的耐力加以锻炼才能适应航天的需要。

前苏联对超重耐力的训练主要有两种方法：一是在飞机上进行；二是用人工重力模拟器，也就是在人用离心机上进行。前苏联星城有两台较大型人用离心机，一个是直径7米的，另一个是直径17米的，并有3轴吊篮舱的离心机。

训练的目的除加强宇航员对超重环境的适应耐力外，主要是使宇航员在超重环境中能作出各种技巧动作。人们发现，人体在超重环境的耐力潜力较大，经过严格训练的人，比不受训练的人，有大好几倍的耐力。

　　三、前庭功能训练。前苏联对宇航员的前庭功能耐力训练主要是与日常体质锻炼结合起来进行。训练方法有主动与被动之分，主动方法包括徒手体操、跳弹跳网、滑雪、滑冰、冲浪等运动项目；被动方法是把人放在转椅、转台、秋千、旋转房、离心机、飞机上进行训练。

　　无论是主动还是被动训练，目的是使受训者在接受对前庭器官有刺激的因素刺激时，人体不会发生眩晕和错觉症状。训练周期性进行。合格的表现是耐受时间延长，心率和血压的波动幅度降低，头晕等症状减轻或消失。这项训练安排在受训期间的全过程，一直到上天之前。

　　前苏联第二名进入太空的宇航员季托夫，首先发生了"太空运动病"，出现头晕、恶心等症状，返回地面后，还要继续

对此项课目进行锻炼。一直到他第二次进入太空时为止。

四、特殊生活方式适应训练。人类在地球表面生活已成习惯，24小时为一天，人体本身也形成了生活节律，晚上要睡觉，白天工作。但进入太空后，在近地空间围绕地球旋转，大约每90分钟就是一个"昼夜"，而且要生活在狭小的载人航天器内。为了适应这种生活，在进入太空之前必须进行这方面的适应训练。

前苏联非常重视这一课目的训练和科研工作，除将之作为每个受训者的必修课之外，还有重点地把将要执行任务的宇航员放在地面模拟舱内较长期地生活，锻炼宇航员的沉默孤独耐力，观察心理的稳定性程度。特别在睡眠规律遭到破坏后，看宇航员的适应能力。在地面密闭舱内不习惯的人，绝对不允许进入太空，因此此前必须经过反复训练，提高其适应能力。

拓展阅读

超重适应性训练的目的是让航天员适应航天器发射和返回再入时的超重环境，增强航天员抗超重的能力。训练方法主要采用离心机模拟航天器起飞和返回过程中的超重曲线，进行胸背向对抗动作训练和头盆向耐力维持训练。

特殊飞行任务训练

这项训练是针对进入太空的任务而进行的课目，都要在地面有针对性地训练。还要进行某个飞行器的飞行程序训练、意外预测及救生措施训练，包括如何使用救生装具和生命保障系统服装及措施。所有这些训练都是在特制的飞行模拟器中进行的。这些为掌握航天作业及锻炼飞行技术的模拟器分静态和动

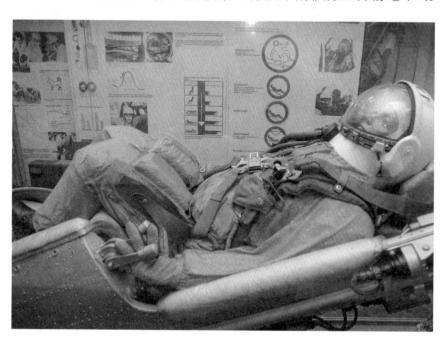

态两种，在结构与职能上又分为通用飞行训练模拟器、复合式
专用职能飞行模拟器。

通用飞行训练模拟器一般由4部分组成：座椅及操纵系
统；运动系统；视景系统，即从观察窗或屏幕上显示出星际空
间和地球表面的面貌；电子计算系统。被训练的宇航员在飞行
模拟器中反复练习飞行技术和体会航天过程的动作以及类似飞
行中的情形。

前苏联在训练宇航员掌握与熟悉航天作业中，除使用通用
飞行模拟训练器外，还逐渐研制成各种专业及职能训练器。如
模拟历次载人航天器的发射及飞行程序的训练器、操纵及导航
训练器、观察飞船外界的训练器、着陆训练器、为在太空中完
善科学研究的技巧训练器、手控及脚操纵飞船训练器、飞船各

特殊仪表工作模拟训练器、航天中视觉定向训练模拟器、生命保障系统模拟训练器、无线电及通讯设备训练模拟器、光学仪器训练模拟器等单项任务及技术训练模拟器。

还有特殊任务模拟训练器，如为解决航天器对接、发射卫星、太空组装平台、焊接作业等的训练模拟器。此外为发展长期载人航天器，还研制了星际飞行器的训练器、航天站及航天飞机等模拟训练器。宇航员都要进入这些装置内训练。

　　前苏联对飞行模拟训练的要求特别严格。如在大水池中利用浮力模拟太空失重现象，进行太空作业训练，在水池中设置"礼炮号"航天站与"联盟号"飞船的联合对接体，被训练的宇航员穿上潜水衣在舱外作业，从修理、组装、处理意外情况到从舱内到舱外正常出出进进，反复练习太空作业技巧本领。据说每天训练不少于6小时，要练习近两个月才能具备进入太空的资格。

　　关于特殊任务训练，重点以登月训练为主；结合月球表面作业的训练。因为月球表面的舱外活动在以前的各种飞船和飞行任务中无可借鉴，必须在地面反复模拟。

　　另一方面，"阿波罗"飞船宇航员的服装活动性能也要求

较高，要求在月球上作业活动时，操作迅速灵活和自成生命保障系统。凡是要在月球上进行的实验与作业项目都要在地球上进行练习和训练，包括月球车的行驶，采集岩石，放置仪器和出入登月舱等活动。

失重训练方式也比较灵活，有三种形式：一是在大失重飞机上进行作业训练；二是在大水池中或海中借浮力训练；三是用悬挂式、模拟月球重力的模拟器进行训练。

关于导航、制导和控制等作业方面，宇航员要用训练时间的40%去熟悉使用3个飞船导航系统，即1个阿波罗飞船系统的指挥舱和2个登月舱；4个制导系统即2个指挥舱和2个登月舱。

宇航员要通过像打字机键盘一半那么大的计算机键盘与飞船各系统联系，进行登月程序训练时得按大约10500下计算机键。要求宇航员必须从计算机里取出各个程序来掌握诸如从发射、中途导航、飞船发动与操纵、月球陆标跟踪、向月面下降、月球上平台校准、从月球再起飞上升、与指挥舱会合、返回地球轨道、再进入大气层、着陆等导航与制导情况。

所有动作需进行合理的人机配合，人与计算机基本上成为二体，才不致发生偏差。如果不能熟练掌握飞船的导航与制导技术，是无法成为阿波罗宇航员的。

向月面下降和着陆方面的模拟训练，着重在监视主制导系统和指挥员最后阶段的手动控制训练。例如为了确定登月舱的姿态控制系统最佳状态，就要使受训宇航员在模拟器上进行约220次的着陆飞行模拟训练，可见训练难度之大。

在这些特殊训练的同时，还抽出一大部分时间对本人所乘坐的飞船型号各个系统进行测试与检验的工程技术训练，最后还要作出简要的报告，这是取得合格飞行的必要程序，否则不允许进入太空。

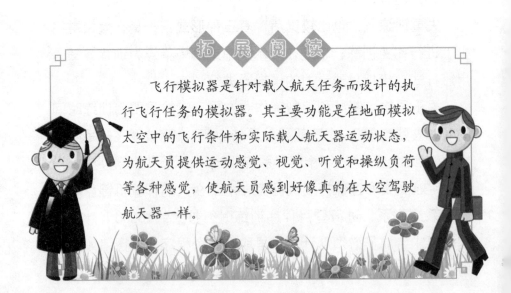

拓 展 阅 读

飞行模拟器是针对载人航天任务而设计的执行飞行任务的模拟器。其主要功能是在地面模拟太空中的飞行条件和实际载人航天器运动状态，为航天员提供运动感觉、视觉、听觉和操纵负荷等各种感觉，使航天员感到好像真的在太空驾驶航天器一样。

航天飞机宇航员的训练

　　航天飞机是美国第五类载人航天器，1969年由美国航空航天局提出计划，1972年美国政府正式批准，是美国航天活动的重点，计划在80年代初发射。

　　从已发射成功的航天飞机来看，它能垂直起飞，水平着

陆，在近地轨道飞行，乘载6至8人，并配有各种科学实验装置，可进行太空物理、化学和医学生物学的种种实验，也进行过产品加工技术实验。是一种可重复使用的载人航天器。

这个载人航天器的宇航员是美国1978年第8批到1985年第11批选出的，共84人，其中有13名妇女。加上以前选出的在职宇航员，前后有100余名接受了航天飞机飞行计划的训练。

虽然参加受训的宇航员都具有学位和基础科学、工程技术的一般水平，但仍要进一步学习气象学、天文学、天体物理学、导航和制导以及计算机科学基础课目。每天仍然要安排一些体育锻炼，锻炼的形式是多样化的，一样也不能缺少。

在熟悉一般航天环境和对航天特殊环境的适应性和耐受性训练方面，也占去相当长的时间。为熟悉和耐受失重环境，在改型的大飞机上进行抛物线飞行，在短期失重期间进行饮水、进食和使用各种装备的动作训练。

与前几个载人航天型号一样，受训的宇航员要参加航天飞机整个系统的研制与测试工作，参与航天飞机的有效载荷设计。要求宇航员参加美国航空航天局各航天中心以及各承包工厂的各种技术会议，以了解并掌握航天飞机研制过程中不断改进和变化了的情况。

　　美国航天飞机宇航员的特殊飞行训练也是在飞行模拟器和高性能飞机上进行的。航天飞机的飞行模拟训练器是在以往载人航天模拟器基础上发展起来的，主要的航天飞机模拟器外形好像一个大木箱，安装在一组液压起重台上，可做6个自由度的运动。

　　飞行模拟器可以模拟航天飞机飞行中各个飞行阶段的动作，甚至可以模拟航天飞机垂直起飞状态。和其他飞行模拟器一样，在内部安装有各种显示装置、观察活动屏幕和观察舷窗。在训练中可使受训宇航员真的像坐在航天飞机内一样，反复训练有关程序和动作。

　　另一个训练模拟器由静态的全尺寸飞行控制平台和载人舱

体组成。受训宇航员可在训练器上进行出舱活动，如出入舱门、舱外作业、物品存贮、废物处理、设备维修、穿脱航天服装等技巧训练。

为了模拟真实，把模拟训练器放在大水池中，宇航员在浮力下进行各种训练活动。

　　此外还有遥控机械手系统模拟训练器，它由航天飞机的后舱驾驶室和有效载荷舱的模拟装置组成，安装有实际操纵的机械手，在这个训练器上训练飞行专家宇航员在太空轨道上施放和回收卫星的作业，还要掌握货舱中摄像机操作技巧。

　　在训练中，需多次驾驶高性能喷气机训练，因为虽然在模拟训练器的全程飞行训练中，多次练习起飞、返回、水平着陆动作，但不如在高性能喷气机上真正驾驶它着陆更有真实感。承担航天飞机驾驶员职务的宇航员更要多次进行这方面的训练。

　　虽然科学实验及其实验数据收集的训练是载荷专家的主要任务，但对全机的航天人员来说，也要熟悉与掌握这类情况。

训练中要与地面控制与指挥中心的工作人员联合行动，以便取得更佳的训练效果。

整个训练一般要用3至4年的时间，即使是宇航员老手也不例外。如美国的航天英雄约翰·杨，他开始接受航天飞机的全面训练是在1978年1月，尽管他已是4次进入太空的航天老手了，仍要接受体力、智力、飞行生理和基础理论等常规训练和飞行特殊任务训练。

尽管约翰·杨已有12000小时的飞机飞行经验，但为了体验巨型飞机的飞行器感受，他还是抽出许多时间去驾驶装有反

向推力器和横压发生器的墨西哥I型飞机反复进行练习。为了熟悉航天飞机上的5台计算机和各种仪表、开关和飞行程序，他曾在航天飞机模拟训练器练习过1200多小时。

拓 展 阅 读

约翰·杨于1981年4月担任美国第1架航天飞机的机长，他第5次进入太空，他是载人航天史上进入太空次数最多的一名宇航员。他后来成为是美国航空航天局宇航员办公室主任、休斯敦约翰逊载人航天中心管理主任。

载荷专家的训练

载荷专家的训练是非职业性宇航员的训练，是搭乘航天飞机的航天乘客的训练问题。所谓载荷专家是在航天飞机上作科学实验或进行其他作业的航天人员。

已经乘载航天飞机的载荷专家有两部分人：一部分是美国非职业性宇航员和其他国家搭乘美国航天飞机进入太空的科技人员；另一部分是欧洲航天局所属各国在他们研制的空间实验室内作科学实验的载荷专家，因为欧洲航天局研制的空间实验室是要搭载美国航天飞机进入太空的。

为什么要这样分类？因为空间实验室载荷大，又要求载荷专家执行他以前几乎没有经验的科学活动，所以需要进行大量与实验有关的训练，训练的时间一般规定为两年。而美国及其他各国载荷专家的训练，则由于航天飞机的载荷比空间实验室少，实验大部分又是单项的，训练的时间要相对短一些，一般

规定为一年。

如果这部分人是根据太空载荷任务选出的，除自己所熟悉的本专业科学实验外，对其他载荷任务也不完全陌生，则进行与实验有关的训练时间也相对减少，一般在几年之内就可完成训练任务，据说这部分人进入太空作科学实验的成功率还较高。

载荷专家的训练项目一般分为：与飞行任务有关的训练。主要指与太空科学实验有关的训练内容；与飞行任务"无关"的训练项目。这部分内容主要是航天飞行本身的、需要被载荷专家了解的项目，即进入太空的人必须了解的航天环境和航天知识的训练，也就是"一般性训练"。

对载荷专家飞行任务训练的总要求是，要把太空科学实验的每个项目的操作方法、使用的设备仪器了解清楚，训练有素，还要深入熟悉与其有关的学科实验的特殊目的和技术水平，熟悉科学实验中的人机界面、故障维修技术。

要在地面上训练数据处理、收集、分析、手动操作指令和数据管理系统的界面等情况。除集体联合训练外，主要是以单个训练为主。每项技术训练不少于15小时。这些训练项目除在实验室进外，主要是在航天飞机各种模拟器里进行训练。

载荷专家所进行的航天一般训练中，除体质训练、航天知识和有关的基础理论学习外，也要作一些航天特殊环境的"考验"，在飞行模拟器中进行飞行体验。只是比专职宇航员的训练时间要短，次数要少而已。

下面是美国航空航天局休斯敦约翰逊载人航天中心，载荷专

家联络办公室1985年10月所制定的有关训练内容、时间与程序。

在发射前24个月：载荷主顾与美国航空航天局商讨载荷专家的实验内容、项目及相应的训练计划。首先是主顾部门或国家向美国航空航天局递交全部有关载荷专家的文件、申请搭乘航天飞机的申请书并介绍情况。

航空航天局接受申请后，邀请载荷主顾访问航空航天局总部及约翰逊载人航天中心，介绍有关载荷专家的全部政策和指导方针，向主顾提交全部有关文件。初步制订训练及工作计划之后，主顾部门或国家则根据自己的想法训练载荷专家，特别是欧洲航天局空间实验室的载荷专家，要针对飞行任务进行。

在发射前13个月：载荷主顾向美国航空航天局总部载荷专家服务处提出将要参加飞行的具体载荷专家的名单，最多不能

超过3个人。并提供载荷专家的初步医学检查资料和航天飞机上做实验的内容，说明其计划进程和载荷专家的训练情况。

发射前12个月：被指定的载荷专家到约翰逊载人航天中心报到，接受医学复查和航天环境适应性测试，并作出可行性的评价。此时载荷主顾与约翰逊中心的负责人则进一步商讨载荷专家的具体训练计划及实施办法，并开始训练。训练内容主要是与飞行任务有关的科学实验项目，地点仍在主顾部门和所在国。

发射前7个月：载荷主顾与约翰逊载人航天中心最后商讨确定后6个月的训练计划，载荷专家与当次飞行的职业宇航员，指令长会晤，并商讨飞行期间的合作及职责。

发射前6个月：载荷专家开始利用约翰逊中心提供的材料

和训练设备，自学有关飞行任务知识和部分项目，必要时可在约翰逊中心集中训练一周。

发射前5个月：最后确定的、在航天飞机上作科学实验的操作程序和时间限要求一并编入本次飞行的操作程序之中。

发射前3个月：载荷专家与当次飞行的职业宇航员集中一起，共同进行飞行特定训练。要在航天飞机的全程序飞行模拟器和特种设备上进行特定飞行任务训练和实验实施训练等等。在此训练时间，宇航员基本已与外界隔绝，除特殊批准外，任何人不准与外界接触。

发射前1个月：除进一步训练外，可安排一次记者招待会

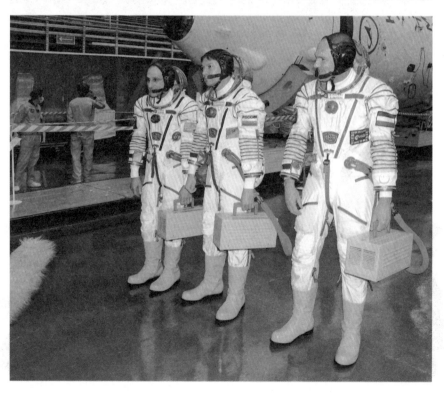

和新闻采访活动。在发射前1周，将载荷专家集中到肯尼迪航天中心的发射场进一步隔离，作最后的飞行前检查和健康稳定性试验。等待发射。

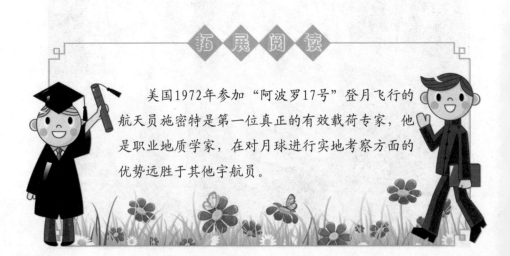

拓展阅读

美国1972年参加"阿波罗17号"登月飞行的航天员施密特是第一位真正的有效载荷专家，他是职业地质学家，在对月球进行实地考察方面的优势远胜于其他宇航员。

训练中的医务监督

按总的训练计划，在训练中设置医务监督，目的是保持被训练的宇航员身体健康和圆满完成训练任务。医务监督的队伍由医生和航天医学专家组成。主要工作内容是配合训练任务，进行日常医学保健，在各项训练中监督运动量和人体负荷是否超过极限，定期检查身体。

医监人员也有对受训者的训练及教育宣传课目，即要使每个受训者知道，人体在航天应激，即遇到航天特殊环境因素时

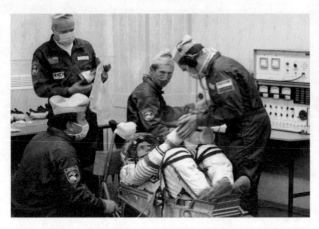

应该有什么样的反应。还要熟知飞行器内的个人生命保障系统及个人救生物品的用途、使用方法及原理。使受训宇航员了解航天时个人卫生处理办法，以及一些人体生理特别是在航天时的生理常识。

受训者的日常饮食量、营养要求、睡眠制度和生活节律等也都由医监人员掌握。训练中的意外障故、安全试验及受训措施也由医监人员处理。所以训练中的医务监督是宇航员训练中的重要组成部分。训练是否合格或中途因身体情况而被淘汰也由医监人员提出决定性的建议。

拓 展 阅 读

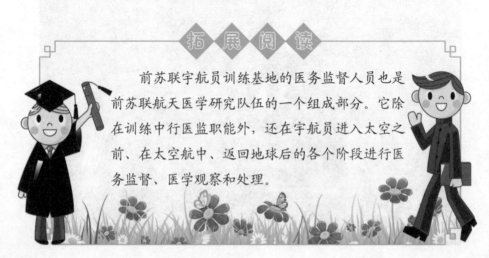

前苏联宇航员训练基地的医务监督人员也是前苏联航天医学研究队伍的一个组成部分。它除在训练中行医监职能外，还在宇航员进入太空之前、在太空航中、返回地球后的各个阶段进行医务监督、医学观察和处理。

意外状态下的训练

　　所谓意外状态，也称应急状况，是临时发生的、事先没有预料到或不能预料到的状况。航天设备，包括运载火箭、空间站和航天飞机等，虽然都是经过精心设计、精心制造的高科技产品，但是也会不可避免地出现这样那样的危急情况。

　　如果宇航员不能果断正确地处理各种意外情况，就可能造成巨大的损失。所以在对宇航员的训练中，除进行各种训练

外，还有必要对宇航员进行意外状况下的动作训练，使他们有能力应付各种各样的意外情况。

一、训练的任务。意外状态下宇航员动作的训练，是训练宇航员完成航天大纲的统一教练过程中不可分割的组成部分。训练的任务是：培养宇航员发现、判断和摆脱意外状态的高度职业素质；使乘员组在应急状态不利因素影响的条件下获得高效率的活动技能；确保宇航员对应急状态不利因素影响的生理、心理适应能力。

二、训练的特点。是指训练教练选定的有限意外状态下的动作，但要以此为基础完成训练课目，而且训练的最终目的是

使学员具备全部职业素质，以便确保航天器乘员组在任何可能意外状态下能可靠而有效地活动。

善于处理任何意外状态，是航天飞行课程的主要组成部分，其含义是在任何意想不到会发生的状态下善于坚定而富有创造性地运用已掌握的全部知识和技能来解决飞行大纲的问题。

三、训练阶段。要达到意外状态下宇航员动作训练的最终目标，必须循序渐进地通过一系列训练阶段，直到完成全部航天训练大纲。

四、训练的原则。要达到意外状态下宇航员训练的基本目标和完成其规定任务，必须采用一整套宇航员训练设施或设备及各种实物模型，同时应遵循下述原则：

1. 综合利用现有的宇航员训练设施，以便能全部复现意外状态下航天器乘员组活动的条件和要素。

2. 根据每种现有宇航员训练设施的效能将意外状态下乘员组动作模拟过程及模拟中影响乘员组的全部因素分解成单个要素，以便下一步能使用必要训练设施充分模拟这些要素。

3. 保证意外状态及其影响一切人体分析器的全部因素的信息模型和动态模型最大限度地符合真实。

4. 增加可在宇航员训练设施上模拟的意外状态数量，以便尽可能多地模拟不同性质的意外状态。

5. 保证在宇航员训练设施上输入或改变意外状态发展进程的模拟过程的可达性。

意外状态下宇航员动作训练，须利用能模拟这些状态及其伴生不利因素的多种不同方法。所有训练阶段的学习对象都是意外状态，都具有各种不确定性，都需要通过理论学习、实习和训练予以解决。

拓展阅读

在航天器发射前，航天员还要参与真实航天器的大型试验和全程序模拟飞行，以及航天技术各大系统的综合试验和演练等，以使他们进一步从总体的高度加深对于飞行任务、计划、程序的理解和掌握。

走进太空第一人加加林

在踏上航天征途之前，尤·阿·加加林的生活是极简单的。他1934年3月9日生于苏联一个集体农庄庄员家庭。他的童年是在斯摩棱斯克区的克鲁什纳村渡过的。后来，他们举家迁到了格查茨克小城。加加林的父母，乃至祖父母都是农民。

1949年，刚满15岁的加加林停止了中学学业，并进工厂工作，以便从经济上帮助他的父母。翻砂车间的工作极繁重，然而年轻的加加林依然每天坚持去工人夜校学习。

两年后，加加林考取了伏尔加流域萨拉托夫的一所技工学校。在

这里，他加入了萨拉托夫航空俱乐部，利用业余时间学习飞行。

1955年，加加林从技术学校毕业后便进了航空学校，开始正式在奥伦堡航空军事学校学习飞行。

1957年，加加林参加了苏联军队，并成为苏联北海舰队航空军团的一名歼击机飞行员。就在这一年，他同瓦莲京娜结了婚。

1959年10月，前苏联首位宇航员的选拔工作在全国展开。加加林从3400多名35岁以下的空军飞行员中脱颖而出，成为20名入选者中的一员。加加林在20多名候选宇航员中脱颖而出，原因是多方面的，但一个细节帮了他不小的忙。

在确定人选前一个星期，主设计师科罗廖夫发现，在进入飞船前，只有加加林一人脱下鞋子，只穿袜子进入座舱。这一举动使加加林一下子赢得了前苏联航天系统总设计师科罗廖夫的好感。科罗廖夫说，他感到这位青年如此懂得规矩，又如此珍爱他为之倾注心血的飞船，于是他更偏爱于加加林。

脱鞋虽然是生活和工作的一个小细节，但这个细节却能折射出一个人的严谨和敬业精神。加加林因为这个细节，为他的成功加上了重重的砝码。

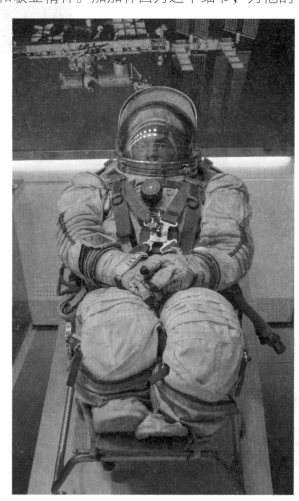

1960年3月，加加林被送往莫斯科，开始在前苏联宇航员训练中心接受培训。在训练中，加加林凭借其坚定的信念、优秀的体质、乐观主义精神和过人的机智成为前苏联第一名宇航员。

1961年4月12日，加加林身着90千克重的太空服、乘坐重达4.75吨的宇宙飞船——"东方1号"进入太空，成为世界上第一个进入宇宙空间的人，也是第一位从宇宙中看到地球全貌的人。这次航天飞行使他荣获列宁勋章并被授予"苏联英雄"称号，苏联以他的名字命名了许多街道，并为他建立了纪念碑。

后来加加林还当选了最高苏维埃的代表、前苏联列宁共产主义青年团委员会的成员、苏古友协主席。

1968年3月27日，加加林因一架双座喷气式飞机坠毁而罹难，留下妻子和两个年幼的女儿。为纪念加加林首次进入太空的壮举，俄罗斯把每年的4月12日定为宇航节，在这一天举行隆重的纪念活动，缅怀这位英雄人物。

拓 展 阅 读

前苏联火箭专家、航天系统总设计师科罗廖夫研制了世界上第一颗人造地球卫星，从而开创了航天时代；研制了许多颗开创探索宇宙空间物理特性的卫星，使航天技术进入新时期；实现了首次飞向月球，环绕月球飞行，拍摄月球背面照片。

第一个登上月球的人

尼尔·奥尔登·阿姆斯特朗是美国宇航员、试飞员、海军飞行员以及大学教授。在美国国家航空航天局服役时，1969年7月21日，阿姆斯特朗成为了第一个踏上月球的宇航员，也

是第一个在地球外星体上留下脚印的人类成员。而其搭档巴兹·奥尔德林也成为了第二位及登上月球后安全返回及踏上地球的第一人，两人在月球表面停留了两个半小时。

1969年7月，阿姆斯特朗在乘坐"阿波罗11"号宇宙飞船执行任务时，迈出了"人类的一大步"。

尼尔·阿姆斯特朗是斯蒂芬·科尼·阿姆斯特朗和薇奥拉·路易斯·恩格尔的长子，他1930年8月5日凌晨12点31分39秒出生于俄亥俄州的沃帕科内塔。

斯蒂芬·阿姆斯特朗是俄亥俄州政府的公务员，一家人在14年里多次搬迁，曾在16个城市安过家。后来，阿姆斯特朗一家最终回到了沃帕科内塔，此时尼尔·阿姆斯特朗已经加入了鹰级童子军，后来就读于布鲁梅高中。

阿姆斯特朗16岁生日时，终于成为了持有执照的飞行员。他在1947年还成为了海军飞行学员。后来，他在印第安纳州西拉斐特市珀杜大学学习航空工程。

1969年7月16日，阿姆斯特朗和奥尔德林、柯林斯一起乘坐"阿波罗11号"飞船飞向月球。并在4天后于美国东部夏令时下午4时18分，在月球的宁静海西南缘附近的平坦地带着陆。

1969年7月20日，美国东部夏令时下午10时56分，阿姆斯

特朗从"鹰"号登月舱走下来，踏上积满尘土的月球表面，并说：

　　　　对一个人来说，这只是小小的一步，但对全人类来说，这却是巨大的飞跃！

　　阿姆斯特朗和奥尔德林离开登月舱，用了两个多小时的时间设置科学仪器、采集月球表面标本并停留了21小时36分后重新起飞，与科林斯会合，开始了重返地球的航行。7月24日下

午12时51分，"阿波罗11号"飞船溅落于太平洋。

　　1970年至1971年，阿姆斯特朗在华盛顿的国家航空和航天局总部任高级研究和技术办公室副主任。1971年，他从宇航局退职后，任辛辛那提大学航空工程学教授至1979年。

　　1985年3月，阿姆斯特朗任太空问题全国委员会成员。1986年2月任调查航天飞机事故的总统委员会副主席。80年代起，他还曾担任多所公司的董事或董事长。

　　1999年7月20日，美国在华盛顿航空航天博物馆举行仪式，纪念人类首次登月30周年。戈尔副总统在仪式上将"兰利金质奖章"授予首次登上月球的美国宇航员尼尔·阿姆斯特朗和他的同伴埃德温·奥尔德林以及驾驶指令舱的迈克尔·柯林斯。

2012年8月25日，阿姆斯特朗因心脏搭桥手术后的并发症逝世，享年82岁。其家人在一份声明中称，阿姆斯特朗死于8月初心脏搭桥手术后的并发症。

美国总统奥巴马在2012年8月27日下令，全国将在首位成功登月的宇航员阿姆斯特朗葬礼举行之日全天降半旗，向这位传奇人物致敬，寄托哀思。

阿姆斯特朗逝世消息公布之后，美国及世界各地民众也通过各种方式缅怀这位登月先驱。美国航天局月球科学研究所则通过网络呼吁大众"对月亮眨眨眼睛向他致敬"。

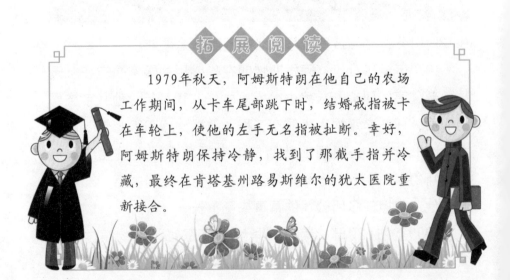

拓 展 阅 读

1979年秋天，阿姆斯特朗在他自己的农场工作期间，从卡车尾部跳下时，结婚戒指被卡在车轮上，使他的左手无名指被扯断。幸好，阿姆斯特朗保持冷静，找到了那截手指并冷藏，最终在肯塔基州路易斯维尔的犹太医院重新接合。

世界第一名女宇航员

　　茫茫宇宙，无尽太空，充满了多少未知与神秘，激起了人类无数的幻想，期盼着能有一天可以畅游其间，体会那一片虚空中的真实。随着第一位宇航员加加林的升空，人们朝着幻想终于走出了第一步，迄今为止已有相当多的宇航员乘坐宇宙

飞船离开了地球，有的甚至将足迹印上了另一个星球，那就是月球。

然而，由于宇宙飞行对体力、智力的严格要求，以及飞行历程中的充满的不确定性和危险性，使相当长的一段时间内，宇航员的荣誉只能属于男人。

瓦莲京娜·弗拉基米罗夫娜·捷列什科娃，是人类历史上进入太空的第一位女性。她还是技术科学副博士，两次被授予列宁勋章，曾经荣获联合国和平金奖，以及世界许多国家授予的高级奖章，是世界上十几个城市的荣誉市民。月球背面的一座环形山以她的名字命名。

1937年3月6日，一名女婴出生在远离莫斯科的雅罗斯拉夫城，她被取名为瓦莲京娜·弗拉基米罗夫娜·捷列什科娃。她的母亲在第二次世界大战中成了遗孀，当时她只有26岁，和苏联的两千名寡妇一样，在一家工厂工作，抚养着三个孩子。

小捷列什科娃在一家纺织厂干活，晚上则去夜校学习，她儿时的梦想是当一名工程师，出于爱好，她还在当地的航空俱乐部练习跳伞。

1961年，尤里·加加林成为世界上第一名宇航员，捷列什科娃如同所有的苏联姑娘那样，将加加林作为自己心中的偶像。她和航空俱乐部的女友们一起联名给有关部门写了一封信，强调男女平等，并呼吁派一位女子登上太空。

令捷列什科娃惊喜的是，没过几天，所有在信上署名的姑娘都被邀请去莫斯科。在莫斯科，集合了许多来自全国不同地区的姑娘，大家的目标是一致的：成为太空第一位女宇航员。

考核是严格的，经过了三个月的各种类型的试验，有医学、体育、还有特殊使命方面的，经过层层筛选，幸运女神终于降临在了捷列什科娃的身上。当听到自己的名字时，捷列什

科娃的心里顿时充满了无比的兴奋以及征服太空的信心。

从被选中到第一次执行太空飞行任务，中间又过去了两年，在这段时间内，捷列什科娃接受了种种宇航员所必需的严酷的训练，终于赢来了决定人心的时刻。

1963年6月16日，捷列什科娃驾驶宇宙飞船"东方6号"升空，成为人类第一位进入太空的女性。作为第一位女宇航员，捷列什科娃是这样回忆自己的首次太空飞行的：

我稳坐在宇宙飞船的密封舱内，没有想到自己的家庭，也没有想过是否能返回地球。我脑子里只装着未来24小时内承担的使命和责任：拍照片、拍电影、并且做科学实验。

但是，最值得一提的是，当我在太空中看到无比壮观的地球时，实在抑制不住内心的激动，我对它产生了深深的眷恋。我向这颗美丽的星星提出延长在太空逗留的时间，领导批准我绕地球运转48圈。我飞行

70小时50分钟，航行约200万千米，这是我一生中最大的幸福。

我在宇宙飞船中就像在自己家中一样。我几乎一点也没睡，因为我不想漏掉任何细节。有件事使我奇怪，在地球上我常常梦见许多事情，而在太空中，我却没做过任何梦。也许因为我用皮带紧紧地捆住自己，一点睡意也没有。

飞船的速度是每小时2.8万公里，我用86分钟就绕地球一圈。在地球上难以想象我们的星球是那么美丽壮观，它呈现出不同的颜色和光泽。它给我的印象太深刻了，至今我在梦中还常常浮现出它那动人的画面。

然而，使捷列什科娃闻名世界的宇航飞行险些酿成一场悲剧。她在讲述飞行经历时指出："在宇宙飞船上曾出现差错：本来是降落，但却向轨道方向上升。这样的话，我不可能返回地面。但是，我及时发现了这一问题并作了汇报。专家列出了正确的数据。于是，我成功降落到了地面。"

捷列什科娃微笑着回忆起她返回地球时的场景："我降落在一片空地上，顷刻间，有成千上万的人向我涌来。他们向我献花，赠我礼品。我的女儿和母亲不停地亲吻我。我所需要的正是人们的爱。"

就在这次航天飞行后，捷列什科娃和加加林及其他航天员成了好朋友，并一直保持友谊，不时地聚会。捷列什科娃回到了本来的生活节奏，并曾经担任过国际妇联副主席，同时也是苏联妇女大会的秘书长。

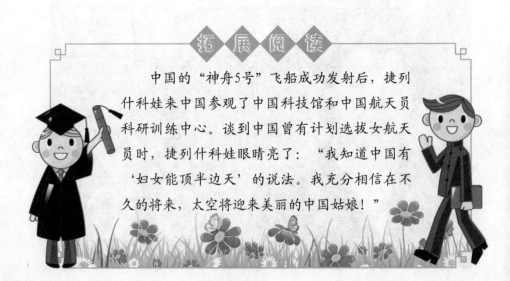

拓展阅读

中国的"神舟5号"飞船成功发射后，捷列什科娃来中国参观了中国科技馆和中国航天员科研训练中心。谈到中国曾有计划选拔女航天员时，捷列什科娃眼睛亮了："我知道中国有'妇女能顶半边天'的说法。我充分相信在不久的将来，太空将迎来美丽的中国姑娘！"

中国宇航员杨利伟

　　杨利伟是中国进入太空的第一人。他是辽宁省葫芦岛市绥中县人，有着大学文化程度，是一名中国共产党党员，也是中国人民解放军少将和特级航天员。出生在辽宁省绥中县绥中镇的杨利伟，从小就生活在大海边，儿时的他就有一个梦想，希望有一天能像海鸥那样，向着蓝天飞去。

　　杨利伟小时候非常爱看书，他写的一篇作文《我见到了周总理》曾入选了作文集。爸爸杨德元、妈妈魏桂兰同在镇里一家中学当教师，爸爸后来调到县土产公司了。

　　小利伟自幼比较文弱，性格内向，缺少胆量。为了改变小利伟的性格，每年寒暑假，爸爸就有意识地带他去爬山，到县东六股河去游泳。秋天，带他去大山里爬树采摘果实。从此，小利伟竟对探险及运动有了兴趣，常常同伙伴跋山涉水野游，登狐仙洞山探访狐洞，寻访古寺遗址，寻觅传说中的"链锁地井"。

小利伟看完《闪闪的红星》《小兵张嘎》《鸡毛信》等战争故事片后，就央求爸爸帮助同班的小伙伴赶制了红缨枪，并毛遂自荐地当上了儿童团长。他看了《铁道游击队》后，就一直梦想当一名火车司机，却没想到后来他成为了中国太空第一人。

1983年6月，在杨利伟高中三年级的时候，空军招飞人员要在当地应届毕业生中选拔飞行员，而从小就有从军梦的杨利伟，第一个到选飞报名处报上了自己名字。经过严格选拔、考察、体检、面测等程序，18岁的杨利伟正式成为中国人民解放军空军飞行学院的一名学生。

1987年，杨利伟毕业于中国人民解放军空军航空大学，并获得了学士学位，被分配至空军歼击航空兵部队做飞行员。1988年，杨利伟被授予空军中尉军衔，并加入了中国共产党。

　　1995年9月，载人航天工程指挥部获中央军委批复，从空军现役飞行员中选拔预备航天员。1997年4月中旬，杨利伟在临床医学、航天生理功能指标、心理素质的测试中都达到了优秀，成为了其中的一员。

　　1998年1月，杨利伟和其他13位空军优秀飞行员一起，成为了中国第一代航天员。由于航天员大队隶属总装备部，在当时改为了陆军，杨利伟便由空军少校改为了陆军少校。由于他工作认真努力，孜孜不倦，在2000年晋升中校军衔。

　　2003年7月，杨利伟经载人航天工程航天员选评委员会评定，具备了独立执行航天飞行的能力，被授予三级航天员资格。

　　2003年10月15日北京时间9时，杨利伟乘由"长征二号F"火箭运载的"神舟5号"飞船首次进入太空。他和技术专家的创举使得中国成为第三个掌握载人航天技术的国家。杨利伟用3句话概括了他21小时的太空旅行：

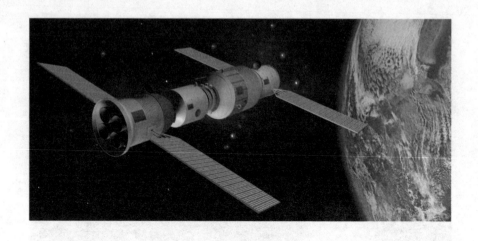

飞船飞行正常。我自我感觉良好。我为祖国骄傲。

2003年10月15日，杨利伟晋升上校军衔。10月16日，他成为了全国人民心目中的民族英雄。从杨利伟的表现，人们可以看到中国精英一代的崛起，看到了他们的质素、智慧和表现，看到了深化改革开放的成果，看到了国家未来辉煌远大的前景和希望。

拓 展 阅 读

2003年香港《大公报》发表社评《杨利伟旋风热动全城》，其中，这样评论道：杨利伟是这次"神舟5号"飞船成功载人航天的标志和代表。

在太空行走的第一人

　　阿列克谢·阿尔希波维奇·列昂诺夫是前苏联的航天员、空军少将，两次"苏联英雄"称号获得者。

　　1965年3月18日，经过多年的准备和实验，前苏联终于带来了让全世界激动的一刻：航天员列昂诺夫与另一位航天员别列亚耶夫在执行"上升"2号飞船飞行任务时，阿列克谢·列昂诺夫在距地球50万米的太空打开飞船舱门，只身进入茫茫宇宙。这是人类历史上的首次太空行走啊！

　　列昂诺夫穿的是一套多层特制航天服，它不仅能够

保持恒温，还有维持航天员在太空工作一个小时的生命保障系统。地面气压训练室只能模拟距地球9万米高空的气压，而航天员走出飞船时的周围则是真空状态。

出舱后不久，列昂诺夫离开航天器7米远，在脐带的另一端边扭边转。他的航天服鼓了起来，限制了他的行动，他感到弯曲胳膊和腿都很困难，以致无法按动绑在他腿部的相机快门。四肢活动越来越困难，他不得不努力控制它们。他在一个点上一连转了好几圈，而且由于缺乏可以利用的操作装置，他无法使自己停下来，旋转使得启动像章鱼一样缠在他的身上。

由于意识到在太空中这种意外的转动不是一个好兆头，因此列昂诺夫努力解脱自己。但是，他很快发现，没有东西可以支撑，要保持一个状态需要付出很大努力。为了防止航天服膨胀变形，列昂诺夫特意在上面系上了许多带子。

此外，穿着航天服长时间行走也使列昂诺夫感到很疲惫，因为每个动作都需要付出比在地球上多得多地努力。特别是抵抗航天服的压力更使他疲惫不堪，但即使这样，他还是坚持了下来。当他通过耳机听到莫斯科广播电台在报道有一名航天员正在太空中自由活动时，他在想，这个人是谁呢？后来他才意识到这个人就是自己！

12分钟后，列昂诺夫准备结束出舱活动返回座舱。这时，汗水流进了他的双眼，航天服也因为膨胀得很大，以至于无法进入舱门。按飞行规则，航天员在采取自救措施前必须向地面

指挥部请示报告。

列昂诺夫知道，要让航天服体积变小就必须调低生命保障系统的气压，地面指挥部在同意了这一建议前肯定要详细研究他此时的心电图和各项生命指标。虽然氧气还可持续30分钟，但是照明系统只能再工作5分钟。在黑暗状态下，航天员返回飞船将更加艰难。

于是，列昂诺夫果断地调低了生命保障系统的气压。但是，当他将头伸进气闸舱时又发生另一个问题。因为按规定程序，他应该先进脚后进头，然而列昂诺夫是头朝前进入飞船的，这样做他为了确保手中的摄像机万无一失，但他不能在圆筒形的气闸舱中将身体转过来后再关闭身后的舱门。

列昂诺夫反复弯曲自己的身体，想将身体转过来，但都无济于事。该舱断面直径只有120厘米，而膨胀的舱外航天服直径达到190厘米。列昂诺夫拼命旋转着身体，此时他的心律达到每分钟190次，体内温度也急剧升高。

情况紧急，列昂诺夫不得不冒着患减压病的风险，再次调低航天服内的压力。最后，他终于转过身来，将气闸舱的舱门关闭上，对气闸舱重新加压，并回到了飞船座舱中。

虽然说从发现航天服膨胀到关闭舱门前后不过210秒，但列昂诺夫所承受的心理和生理压力却是难以想象的，他的体重减少了5.4公斤，每一只靴子里积聚了3升汗水。

就在他们准备返航时，氧气压力急剧升高。为了防止发生爆炸，别利亚耶夫和列昂诺夫赶紧降低温度和湿度，但这些办

法并未发挥作用。险情持续了整整7个小时，因为过于疲劳，两位航天员甚至一度进入梦乡。

突然，类似爆炸的声音将他们惊醒，别利亚耶夫和列昂诺夫都以为最后时刻到来了。可是周围的一切并未燃烧，相反氧气压力在慢慢下降，过了一会儿竟然完全正常了。

原来，当列昂诺夫在太空行走时，飞船一直处于静止状态，其朝向太阳和背对太阳两个侧面的温差达到300摄氏度，飞船因此发生了轻微变形。列昂诺夫返回飞船后，舱门留下了小小的缝隙，以至于飞船里的空气开始向外泄露。

发现飞船内的空气向外泄露后，生命保障系统立即做出了反应，氧气的压力也随之不断升高。如果再持续下去的话，航天员必死无疑。可就在这个时候，命运之神开始垂怜这两位勇敢的人了。在睡梦中，航天员无意间碰到了补充空气的开关，

强大的气压启动了排气阀，
舱门随之彻底关闭了。

　　惊魂未定，别利亚耶夫
和列昂诺夫发现飞船定位系
统也出了故障。得到地面指
挥部同意后，他们冒险采用
手动方式着陆，飞船落到了
原始森林深处两米厚的积雪
上。两位航天员费了九牛二
虎之力爬出舱门，伴着暴风
雪，他们架好天线，向指挥
部发出呼叫信号。

　　不知什么原因，迟迟没有得到回应，狼群的呼号声却越来
越近。天黑了，气温越来越低，两位航天员本想用降落伞裹在
身上御寒，可降落伞偏偏挂在了树梢上，飞船的制冷空调怎么
也关不上。列昂诺夫的航天服内灌满了汗水，他不得不在零下
20多度的严寒中光着身子拧干内衣。

　　就这样，直到第二天，搜寻人员才找到别利亚耶夫和列昂
诺夫。直升机投下白兰地、食品和防寒服，但是由于风太大，
两位航天员眼睁睁地看着这些东西被吹到了远处，最后到手的
只有几根香肠和一只皮靴。

　　命运就这样跟他们开着不大不小的玩笑，到第三天的时
候，他们才穿上滑雪板，赶到了9千米外临时建起的停机坪。
与此同时，欢呼声响彻全世界，为航天英雄，更为人类在太空

所跨出的第一步而欢呼雀跃！

为了表彰列昂诺夫在开发宇宙空间方面建立的功勋，前苏联科学院授予他齐奥尔科夫斯基金质奖章一枚，国际航空联合会授予他"宇宙"金质奖章两枚。

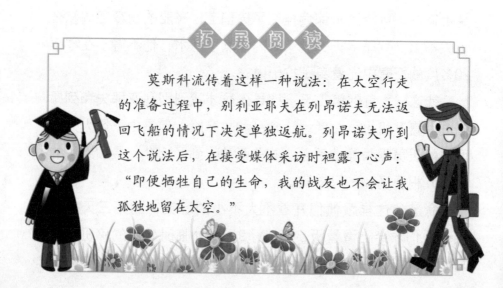

拓展阅读

莫斯科流传着这样一种说法：在太空行走的准备过程中，别利亚耶夫在列昂诺夫无法返回飞船的情况下决定单独返航。列昂诺夫听到这个说法后，在接受媒体采访时袒露了心声："即便牺牲自己的生命，我的战友也不会让我孤独地留在太空。"

首个出舱活动的中国人

翟志刚，1966年10月出生，黑龙江省龙江人。他1985年6月入伍，1989年毕业于空军第三飞行学院，曾任空军航空兵某师战斗机飞行员，飞过歼七、歼八等机种，安全飞行950小时，被评为空军一级飞行员。

1998年1月，翟志刚正式成为中国首批航天员。2003年，他入选中国首次载人航天飞行航天员梯队，成为了中国人民解放军航天员大队特级航天员。在2008年9月25日至27日的"神舟七号"飞行任务中，担任飞船指令长，是第一位出舱活动的中国人。

在翟志刚小的时候，家里曾经生活非常困难，但目不识丁的母亲对子女上学却毫不含糊。她说："咱翟家砸锅卖铁也要供几个孩子读书。"那时

翟志刚的母亲，靠卖炒瓜子供翟志刚读完小学和初中。母亲每天起早贪黑到街上卖炒瓜子，风里来雨里去，每天晚上回来，用她粗糙而又裂着口子的双手将一张张发皱的角票分币整理好。

空军飞行学院来招飞行员时，翟志刚报了名。当亲朋好友跑来告诉他考上空军飞行学院的消息时，母亲比他还激动。临走的前一天，母亲从贴身的小包里掏出一张带着体温的5元钱，硬塞到儿子手里。翟志刚忍不住心酸，搂住白发苍苍的母亲哭了。

考入大学当上飞行员的翟志刚和母亲的感情很深，他对母亲也非常孝顺，不遗余力地往家里汇钱以解决燃眉之急。他每年探亲回家都守在母亲身边，陪着唠嗑，对母亲的头疼脑热是悉心照顾。他最喜欢吃母亲做的苞米楂子和土豆丝，走的时候总要带走一些。

母亲在病床上思路特别清晰，最惦念的就是小儿子翟志刚，她知道儿子成为航天员准备上天后更是欣慰。2003年，母亲过世的第三天翟志刚才赶回家，他跪在地上给母亲磕了三个头，却没有见到母亲最后一面。

翟志刚爱好颇多：好研习书法，钻得还挺深；交谊舞跳得有模有样，每次航天员们办舞会，满场飞的准是他；还是个能工巧匠，家里安装、修理什么活，他一看就会，一摸就懂。

在闲暇时，翟志刚爱看武打小说，爱看电视小品。他还爱玩电动玩具。每次给儿子买回电动玩具，他都要自己先玩个痛快，再给儿子当教练。

他的妻子张淑静曾对翟志刚有三句话的评价：

他是很负责、温情的丈夫；他是儿子眼中可爱的

父亲，是父母面前孝顺的儿子；我此生嫁给他，真是幸运。如果有来生，我还要嫁给他！

2008年9月27日下午16时41分至17时00分，翟志刚穿着中国研制的"飞天"舱外航天服，圆满完成了我国首次空间出舱任务，成为第一位出舱活动的中国人。

这是一个历史的时刻，也是一个激动人心的时刻，历史这一刻定格在了这一刻。围绕地球飞行了29圈的神舟七号飞船，成为了世界瞩目的焦点。这一圈，中国航天员的身影首次进入茫茫太空，中国载人航天发展迎来了一个崭新的历史时刻，翟志刚这一刻跨越了神七，也跨越了神奇，震惊了世界。

翟志刚是继杨利伟之后，中国航天员又一次伟大的突破，给世界展示了中国的精彩，向世界宣告了中国人民是有信心有能力完成太空活动的。翟志刚的成功就是中华民族的成功，他的跨越也是中国人的跨越，也是中国向科学高峰又迈出了坚实的一步。

"神七"更多的是神奇，也是神气。"神七"的神奇就是完成了一个梦想，一个几千年中国人的梦，完成了中国人的太空梦，也是征服太空的神奇。"神七"让中国人不仅仅站立起来了，更是强大起来了，中国不但经济向前发展了，科技也在向世界看齐。中国人行，一定行！当翟志刚手中挥舞着中华人

民共和国的国旗在太空飘扬时，那就是神气。

看看，每一个中国人此时此刻的心中都会点燃了激情，激发了勇气，产生了理想。万水千山，五湖四海，世界内外，亿万双眼睛注视着出舱航天员，关注着出舱航天员，千万颗心和他们一起跃动，一起呼吸，为他们默默祈祷，向他们深深祝福，祝贺他们的成功，祝福他们平安。

翟志刚在太空中慢慢地挪动着身体，他的每一个动作都是如此潇洒，如此到位，更是淋漓尽致，他在太空尽情地享受着"太空漫步"，用太空步伐来向世界表白，向世界宣告。

就在他的眼前，既是清晰的蓝色星球，也是亿万双中国人民的眼睛。那么在他的脚下，就是自己的祖国，也是人类共同的美丽家园。千山万水，跨洋越海，人间一天，天上十几天，在如此恶劣的环境中，我们没有被吓倒，而是挺起胸膛，挺起中华民族的脊梁，向太空跨越，向世界跨越，向人类跨越！

拓展阅读

1995年5月的一天，翟志刚参加飞行训练，返航途中一股强劲的气流卷起沙尘暴向机场袭来，风速10米以上，他驾驶战机完全凭仪表安然着陆，荣立三等功。